智慧创意与创新设计研究

余　杨◎著

图书在版编目（CIP）数据

智慧创意与创新设计研究 / 余杨著. -- 长春 : 吉
林出版集团股份有限公司, 2022.10
ISBN 978-7-5731-2612-2

Ⅰ.①智… Ⅱ.①余… Ⅲ.①产品设计—研究 Ⅳ.
①TB472

中国国家版本馆CIP数据核字(2023)第005691号

智慧创意与创新设计研究

ZHIHUI CHUANGYI YU CHUANGXIN SHEJI YANJIU

著　　者　余　杨

出 版 人　吴　强

责任编辑　蔡宏浩

助理编辑　米庆丰

装帧设计　墨创文化

开　　本　787 mm × 1092 mm　1/16

印　　张　9.75

字　　数　150千字

版　　次　2022年10月第1版

印　　次　2023年4月第1次印刷

出　　版　吉林出版集团股份有限公司

发　　行　吉林音像出版社有限责任公司
（吉林省长春市南关区福祉大路5788号）

电　　话　0431-81629667

印　　刷　三河市嵩川印刷有限公司

ISBN 978-7-5731-2612-2　定　　价　50.00元

前　言

随着科学技术的发展，人们生活水平的提高，人们的生活物质逐渐丰富，人们的需求已不再仅仅满足于产品的使用功能，对于产品的外形、新颖的功能均予以关注，并对消费者的心理造成影响。因此，创意思维与创新设计对产品来说尤为重要。

创意思维的表达不同于普通思维表达之处在于，创意思维具有人脑对事物的逆向思考、求异思考和发散思考。首先，创意思维具有创造性的特征。创意思维在于自身的独特性和与众不同，这使艺术设计具有个性特征。其次，创意思维具有偶然性特征。创造性思维即通俗意义上的"灵感"，"灵感"通常在人们毫无准备，却又绞尽脑汁时出现，并且转瞬即逝；再次，创意思维具有综合性特征。创意思维是多种普通思维综合运用所产生的结果。

创新设计应遵循下面三条基本原则。第一，设计时要具备远见性，意识到市场扩散可能，发掘潜力。产品创新的目的是面向市场，加强影响力、扩大销售，形成规模的经营优势。因此，产品构思不但要创新，更为重要的是、换位思考，充分考虑新产品实际的可行度和市场销售潜力。第二，要意识到产品的经济收益。经济效益是产品创新的重要出发点和最终落脚点。设计优势不能转化成商品优势，企业经济效益和创新能力就会受到严重影响。第三，要具有较高的技术发展水平。技术含量高，性能可靠先进，是当今产品进步的一个最为重要的指标。

本书以产品设计为研究对象，针对产品设计中的智慧创意与创新设计进行了研究与分析，书中首先对智慧创意思维设计做了一个整体的概述，概括了思维的形式特点、创意思维与艺术设计的关系等，然后分析了创意设计思维的训练、产品设计创新的影响因素、产品创新设计工程与表达。接下来重点研究了产品设计的结构与造型创新、功能与品质创新，在此基础上又对产品美学价值的设计创新维度与创新定位做了详细的论述，最后对艺术设计中的创意思维及实践进行了细致而全面的阐述。本书思路清晰、有层次，产品设计作品的选择新颖，理论阐述深入浅出，突出重点，内容丰富新颖，是一本值得学习研究的著作。

在本书的写作过程中，作者查找了大量的资料，也就一些重点和难点问题请教了相关专家，以期能够贡献自己的力量。但由于时间和能力的局限，书中难免存在不足之处，恳请读者批评指正，在此，也对在本书写作过程中给予作者支持的亲朋好友致以最诚挚的感谢。

目 录

第一章 智慧创意思维设计

第一节 "创意"与"创意思维"

一、创意

（一）创意的定义

创意是出其不意的好点子；创意是对一切旧有格式的不同程度的打破；创意是艺术与技术的组合力量。在艺术创作的过程中，我们会有意识地、自主地采取一些行动来刷新旧有的观念和样式，这些行动我们也称之为创意。

（二）创意的心态

创意思维是一种综合性的思维方式，其涵盖了超常规思维、创造性思维、形象思维、逆向思维等多种思维方式。创意思维的运行模式是打破旧有格式、摒弃旧有规则，全面探究问题实质后产生的新观念、新创意。创意潜能是通过开启每个人都可以拥有的思维能力，开启的方式与创意的心态有关。

1. 冒险心态

任何一种事物的诞生都会存在这样或那样的风险，冒险则意味着从心理上对未知因素的全面接受。探险的过程和结果都会给人带来刺激和惊喜，在创意的过程中我们应该充当"第一个吃螃蟹的人"，对未知领域的探索与尝试是创意产生的孵化器。

2. 好奇心态

好奇心就是我们希望自己能了解更多事物的不满足心态。好奇心会让我们发现生活中处处都有奥妙，能帮助我们更好地发挥创意的潜能。人生是永无止境地学习，其中有很多发现神奇的喜悦，我们应该懂得欣赏神奇，因为那些神奇是促使我们接触新兴事物、获得美妙创意的原动力。

3. 挑战心态

创意思维的运行模式是打破旧有格式、摒弃旧有规则，全面探究问题实质后产生的新观念、新创意，创意需要敢于挑战现状而不墨守成规。在学习的过程中把每一次课题实验当作一个执着的游戏，用激情与智慧去挑战，勇敢地逾越一些所谓的障碍，如表现形式的最终选定、实验材料的性能与加工技法的掌控等，让创意发挥到极致。

4. 想象心态

想象是人在脑中凭借记忆所提供的资料或针对现实中的某一具体物件进行思维加工，从而产生新形象的心理过程。想象是人类特有的对客观世界的一种反映形式，它能突破时间和空间的束缚，任由灵感与智慧在此碰撞。

（三）创意的能力

创意是合力产生能量的过程，敏觉力、流畅力、变通力、独创力、精进力是合力中的主要力量。

1. 敏觉力

敏觉力是指创意过程对有效信息捕捉的敏感度。当我们面对一个创意主题的时候通常会有各种想法呈现出来，合理的、不合理的，巧妙的、平庸的，持久的、稍纵即逝的等，我们此时需要用独到的眼光和高度的敏感，在丛生的创意中把精良的、有效的创意信息提取出来。在创意活动中敏觉力是一种重要的识别能力。

2. 流畅力

流畅力是指在创意过程中思维的爆发力，即针对某一创意主题能想出很多可能性或方案的能力。颠覆常态的思维状态，用不同的角度、方式思考是流畅力得以锻炼的关键。没有束缚、天马行空的思维方式会让自己的思域拓展得更加宽泛、流畅，为一个好的创意的诞生提供更加丰富的前期方案。在创意中脑地图和头脑风暴都是创意流畅力得以有效发挥的主要方法。

3. 变通力

变通力是指改变思维的路径，扩大思考类别以及突破思考限制的能力。变通力主要是突破旧有观念和固态思维。

4. 独创力

独创力是指想别人没想到的、做别人没做过的而且有实际效果的创造力。独创力是创造性思维的核心和基础，是创意流程中最宝贵的一种能力。独创力会带给社会新的观念、新的视觉样式乃至于新的生活方式，诸如各种家用品的设计，大到电器，小到餐具，都是独创力的光芒所在。独创力是智慧的展现，所有优秀的设计师都具有高度独创力。

5. 精进力

精进力是指能从更精致、更细密的角度思考，在原来的构想上添加新观念，增加设计细节的能力。精良与细节通常是设计师素养的体现，从人本的角度考虑，精进力是让创意更完善、更精彩、更有责任感地表现，其代表了以理性思维为主的一种思考方式。

（四）创意的要素

1. 创意标新立异

在整个创意过程中，我们始终要告诉自己我们是在做一件标新立异的事情，我们所呈现的观念或意识应该是独一无二的、予人智慧的。我们在做创意的时候应尽可能地找到属于自己的智慧，即原创性的部分。在各种信息充斥的当下，标新立异的创意才能让设计作品闪耀出独有的光芒。

2. 创意与形式匹配

创意的实现是整个创意活动中的核心环节之一。在设计活动中，任何创意最终都必须附着在某种形式之上，那么形式与创意的匹配显得尤为重要，一个适合的形式才能更好地传递创意。在创意执行的过程中，寻找匹配的形式需要我们不断地推翻自己、挑战自己，需要有足够的热情和执着。当然，我们在表现创意的同时，还应该有一个底线，那就是关注形式的可视性。

3. 震撼感官与心灵

一件优秀的创意作品会散发出由内而外的感染力，会主动"攻击"观者的各类感官，让人久久回味。好创意可以激发人的潜能与智慧，可以撼动心灵，让人爱不释手。当我们完成一项创意的时候，在第一时间和同学们分享，听听他人的感受与建议，这对于完善创意十分重要。

（五）创意的提升

一件好的创意通常会历经循环回往复的提升过程，我们需要把握好各个环节来确保创意的品质。

1. 肯定—否定—存疑

当创意浮出水面的时候，一般会经历肯定、否定、存疑的过程。肯定是对于创意的认可，大多是初始状态时的态度，随着思想的积淀，我们发现创意上不合理的部分，于是就会否定或部分否定这一方案，针对方案进入思维挣扎期，找问题，找解决方式，修正不合理的部分进而确定方案，在这一过程中我们需要足够的耐心和敏觉力。

2. 自我—他人—群体

创意之初都会停留在创意个体的观念与意识上，难免会有偏颇之处，我们应发挥交流的作用，将方案与他人广泛交换意见，集合他人的智慧，使创意完善。经修正之后，再将方案置于群体之中，观反应，听意见，在一定的范围内检测创意的效果。

3. 无序—有序—可行

任何一件创意都会历经无序、有序、可行的过程，在思维爆发期会有各种与主题相关的创意迸发出来，丰富而无序；之后会进入创意方案的整理期，剔除一些没有太大价值的方案，将保留的方案进一步深化，拓展后的创意将会是我们的可行性方案。

二、创意思维

创意思维指的是什么呢？我们这里讲创意，指的是发明和创新这两个不同的概念。发明是以前不存在的东西，创新是以前存在的东西，当你从不同的角度看的时候，一种新的组合就出来了。就像阿基米德测水银的重量时测不出来，后来他在洗澡的时候得出了新的结论，测体积就可以了。这种通过联想、通过不同的东西结合在一起产生新的想法的思维方式称为创意思维。

创意思维问题的研究实际上是探寻我们如何用一个新的创作状态，用新的视角看问题，从某种意义上改变我们的思维方式。我们用双眼上下左右环顾四周的时候总是忽略了我们头颈还可以转动，我们的身体还可以转动，所以用眼看就成了我们审视这个世界的固有模式，忽略了我们会转动看、我们会上下看、我们会远近看等。这造就了我们看东西时很直观，当看的方式固化后就不去思考了，这种带有欺骗性的方式很可怕，如果我们抛开独立思考的方式，长此以往我们的思维就僵硬了。

创意思维是用全新的思维角度和方法来分析、认定和处理设计问题。它可以运用正向、逆向的线性思考模式进行，也可运用横向和纵向的思考模式进行，并且可以将逻辑、形象、灵感、直觉、审美等各种因素交融在一起，形成一个三维和多维的立体思维。

第二节 思维的形式及其特点

一、思维及其基本形式

思维是思维主体处理信息与意识的大脑活动。我们平时所说的聪明就主要是来自对一个人思维能力的判断。思维能力是可以训练和培养的。

思维的过程由思维材料、思维的加工方法和思维的成果三部分构成。因此，储备大量的思维材料、掌握行之有效的思维加工方法，一定能够挖掘出自己更多的"聪明"潜能。思维包括逻辑思维、形象思维和直觉思维三种。这是以思维的基本形式为标准的划分。如果以思维的方向进行划分，则可以分为聚合思维和发散思维。

（一）逻辑思维

逻辑思维是指人们在认知过程中按照建立在已知条件基础上的，利用已经被证明的规律、抽象概念等进行推理和判断的思维形式。通俗地说，就是给予一定的条件和已经被证明的一个规律，然后根据这个条件和规律进行推理和判断。逻辑思维的指向是单一的，思维的环节是递进的，因此，逻辑思维也称为线性思维。

逻辑思维的加工材料是概念，我们往往通过对概念的观察分析，综合各种条件要求，并从已有的现象条件抽象出事物的本质属性，概括为推理判断的标准，这也是逻辑思维的主要加工方式。

下面介绍逻辑思维在艺术设计中的主要作用。

1. 逻辑思维的指向性

艺术设计是有目的、有条件的艺术创作活动，主要思维形式是形象思维和直觉思维，但是创作主题的确立却必须运用逻辑思维。逻辑思维的指向性、单一性和准确性更有利于设计主题的目标选择。在此基础上，形象思维和直觉思维才能更有效地进行有针对性的、目的性的艺术设计行为，这也是许多受众在审美时，希望能在视觉形象创意以外得到更多主题资料的原因。

2. 逻辑思维的调控

作为艺术设计的主要思维形式，形象思维和直觉思维具有跳跃性等特征，其主导下的设计程序必然带来设计实现环节的局部空缺，逻辑思维的严密性正是设计实现环节的必要补充。因此，逻辑思维更多地运用于方案细节的完善调整，从而突出设计的特征与实用性。

3. 逻辑思维的组合排列设计

逻辑思维的组合排列在视觉设计中有广泛的应用空间。设计者可以通过对主题元素的打散分解，利用逻辑的排列和组合方式，并结合形象思维和直觉思维的运用，创作出大量的设计方案。

我们可以把代表创意的元素列为一行，把设计的元素列为另一行，排列以后根据直觉思维的跳跃性进行方案组合。

4. 逻辑思维的数列美

逻辑数列是一种和谐美的表现形式。例如我们在形式美中提到的比例尺寸、等差数列和贝塞尔曲线等。艺术设计作品最终必须是以物化的形式体现，因此，在设计中我们可以对每个元素按照尺寸概念形成具体的逻辑数列来产生美。从另外一个角度，打破这种常规的比例尺寸也往往能够创造意想不到的特异视觉效果。

（二）形象思维

形象思维是人们把直观形象元素（如视觉元素、听觉元素）作为思维材料，通过对色彩、线条、形状、声音、结构、质感等具体的思维材料（表象）进行分解、提取、综合以及整合其内涵的属性关系，进而再以联想、想象和结构性的重构创造出完整的、全新的典型形象（艺术形态）。在视觉艺术设计中，简单地讲就是设计师将自己的情感因素以联想和想象的加工方式，塑造出全新的视觉形象的思维过程。

形象思维的特征就其表现性来讲，具有形象性、具体性、细节性、概括性、直观性和可感性，就其传达性来讲具有粗略性和参与性，就其加工方式来讲具有非逻辑的随性，受情感所左右。由于在视觉艺术中，主要的思维材料是以视觉元素和形象表象为主，所以，形象思维成为艺术设计中最常用的思维形式，它最主要的特点是伴随着情感去感知形象，通过对形象的联想、想象和重构进行思维加工。

1. 形象思维的视觉语言特性

（1）形象思维视觉语言的形象性

形象思维是以事物的形象为思维材料的思维方式，同时其成果也是以形象所展现的。因此，思维的形象性使其具备了生动、直观、具体、细节和整体的可感性。人类情感符号形式最充分的体现就是形象。因此，在视觉设计中，我们必须通过整体直观且具有细节生动描述的视觉形象才能达到视觉传达的目的。

现代舞蹈家杨丽萍的孔雀舞之所以能够与众不同，给人留下深刻印象，一是在于她对孔雀美特有的艺术形式表现，更关键的是她用一些生动细节去支撑或者说她赋予这种表现形式一种人类情感美的细节内容。

（2）形象作为语言具有多义性

视觉语言是定性而非定量的传达方式，它不像逻辑严谨的概念、定义那样指向明确。形象思维所创造的具有典型特征的艺术形象不是对客观事物外在形象的真实再现，而是融入了设计者认知的过程和情感的判断。受众在欣赏经重新组合的视觉形象的过程中，同样是一种认知过程并进行再次的情感参与判断。

视觉语言是通过视觉形象的情感符号表达，唤起受众新的情感。由于受众的知识背景和审美习惯的不同唤起的情感语意自然有所不同。

所以我们说视觉艺术形象的创造是起于情感并通过形式而终于情感的，它的作用方式是"唤起"而非"说教"。

（3）形象思维加工的非逻辑性

形象思维的加工是通过对视觉形象（表象）的感知，经过分解和组合的加工方式，依靠艺术感觉、掺杂着个人的情感，重新塑造全新艺术形象的过程。它不像逻辑思维那样进行严谨的、线性的推理判断，而是更多地采用发散联想和想象整合，并结合情感状态这一非定量因素进行随机艺术形式创造，因此它的成果也是具有感性情感而非理性逻辑的。

了解形象思维加工的这一特点对于我们学习视觉艺术创作方法是非常重要的。它所谓的分解和组合方式都是基于视知觉的全新创造。因此，视觉艺术的学习必须注重发散联想和想象力整合的训练。同时在生活中要多留意情感的丰富表达形式，为视觉设计积累必要的视觉表象。

2. 形象思维的加工方法

形象思维的加工方式主要分为分解和组合两个部分。所谓形象思维的分解是指对视觉表象结构和视觉元素的分解，是对情感形式的整体结构的拆分。例如在视觉元素上我们可以将其拆分为色彩、形状和质感等，而从整体结构上我们又可以将其拆分为独立的表象结构。实现这一分解过程在视觉设计中主要是用联想和抽象的方式。

所谓形象思维的组合主要是指通过对视觉表象和视觉元素的某种全新意义的形式重构，使之成为一个完整的情感表达形象的加工过程。形象思维组合的加工方法主要通过概括和想象整合的方式来进行。

（三）直觉思维

1. 直觉思维概念

沃特·迪士尼音乐厅的建筑设计，最能体现直觉思维决定性的作用。通过对解构主义建筑的设计方法和迪士尼概念的综合掌握，设计者凭借直觉思维创作出的极富灵感的、使音乐物化的艺术形态设计，在建筑界形成了极大的反响。

直觉思维就是在直觉的基础上，认识、判断和创造全新事物的一种思维方式。人的直觉来自生物的本能、知识和经验的积累。因此，直觉思维是建立在坚实的理论基础、敏锐的观察力、丰富的经验以及高度的概括力基础上，根据人类的直觉用猜测、跳跃和压缩的思维过程进行的快速思维。直觉思维是混合了逻辑思维、形象思维和人类本能感应的一种潜意识思维。它是艺术设计灵感产生的一种重要思维方式，是体验性学习的主要思维方式。它具有突发性、非逻辑性、潜意识性和快速性等特点。

直觉思维的理论体系晚于其他思维形式，相对来讲还不成熟。所以，人们总是误认为直觉思维属于神秘莫测的第六感觉，认为直觉思维没有理性的成分。事实上，直觉思维不仅是感性思维，也具有理性思维的成分。

直觉思维是设计师在创作时依据自身的文化素养、思维习惯、认知能力以及经验积累的情况下，结合设计风格，对事物属性进行直接的视觉表现。此外，人们审视创意作品时首先是根据直觉思维对画面主题进行判断与解读，只有当观察者自身的审美认知习惯、知识结构与创意作品背景知识不相匹配时，人们才会在逻辑思维的指引下解读分析视觉语言。因此，无论是创作还是欣赏，直觉思维形式都是视觉创意首先采用的思维方式。同时，在艺术创意设计的操作过程中形象思维也一直是在直觉思维的辅助下进行判断和调整的。人们在审视作品时，也是在各自的知识基础上对创意主题运用直觉思维的方式直接感悟。所以，只有你拥有丰富的知识、阅历和专业基础时，你的"第六感"直觉思维才会变得异常敏锐。

2. 直觉思维的加工方式

直觉思维加工是一种非控制、非逻辑的猜测、跳跃和压缩的思维加工方式。

通常可以尝试从逻辑、科学的角度分析创意思维的一些模式和训练方法，进而培养出极富创新精神和能力的艺术设计师。强调通过理论构建、案例分析、训练方法和实训项目等步骤，一步一步构建创意能力。这就像中国武术中的套路一样，真正的搏击是没有套路可循的，但谁都不能否认搏击时随机的拳术是来自平时一招一式刻板而艰苦的训练。所以，只有平时"多流汗"，才能"战时"多出灵感。因为，直觉思维常用的猜测、跳跃和压缩的快速思维是建立在"一招一式"熟练基础上的。

如著名的武术大师李小龙正是在咏春拳和太极拳的学习基础上创造了自由搏击术"截拳道"。"截拳道"是阻击对手来拳之法，截击对手来拳之道。它倡导抛弃传统的搏击招式，以高度自由的搏击本能性，忠实地表达自我。"以无法为有法，以无限为有限"的武术哲理，正是搏击中直觉思维的最好表现。

同理，我们可以认为直觉思维是建立在创意思维的逻辑与视觉思维之上的思维操作方式。因此，练好创意的一招一式就是最好的直觉思维基础训练。而且基于它的非逻辑性，我们认为，直觉思维的灵感是不可能进行"量化生产"的，但我们可以为它的产生奠定良好的理性规律"土壤"基础，实现"预先匹配"的判断，去创造适合它生长和成熟的环境。

在视觉创意的学习中我们要求不迷信于"虚无"的灵感，而要了解和掌握视觉思维创意的基本规律，这种规律主要是对形象特征的分解、抽象、想象转换和整合等。因此，进行视觉创意时我们要尽可能地整体把握事物的多元化表现和事物的本质内涵，通过直观的透视表达事物之间的内在联系，将视觉空间结构的某种相似整合为揭示不同事物间属性关系的全新结构形态。这一过程可以利用已有的模式，触类旁通进行模式匹配，从而进行快速的视觉思维判断，形成创意的灵感。

结合大量的创意设计实践，直觉思维的形成机制大致可以分为以下三个阶段。

第一个阶段是大量的思考积累阶段，这个阶段要求我们要充分掌握设计的背景资料，分析、综合整理出其特征（设计切入点），并尝试运用所学知识和方法进行创意。这个阶段或许会出现许多逻辑和理性方法下的方案，但那个令你拍案叫绝的、巧合的、"鱼和熊掌"可以兼得的方案却迟迟不能形成。这是一个大量工作和遗憾的阶段，但不要灰心，因为所有的工作和残次的创意半成品，都是你创意灵感燃起的助燃剂。

第一个阶段之所以很难出现灵光一现的创意灵感，是因为在创意之初对设计背景资料不熟悉，设计还很难在"要求"和背景资料之间形成通道，所以这个时候的设计意象还是有种雾里看花的味道。随着分析、综合提炼终于形成了主题，但又由于这个时候逻辑思维和形而下的方法论占据了思维的主导，尽管可以批量生产出大量的、标准化的创意意象，但难免因标准化的痕迹而丧失了创意设计作品最重要的标新立异和艺术的巧合。最后，设计思维的强迫性要求又可能将你逼入"钻牛角尖儿"的思维过程中，而使你江郎才尽，疲于奔命。这个时候的你需要的是休息，换换脑子。

第二个阶段是中断，这是跳跃和压缩的必备前提。当你明确设计要求并掌握了大量的资料和思路时，那么要求和结果之间就存在一个创意的空间。尝试逻辑思维的道路被封堵之后，需要的是更换另外一种思路，这个时候中断思考去做别的事情就可以把强迫性的显性思维（逻辑为主的）转换成为隐性思维（发散为主的形象思维）。比如你在休息睡觉时，强迫性的显性思维已停止了工作而做梦就成了你隐性思维的前提条件，实际上这个时候大脑仍在积极地工作。这时的思维形式显然已不受逻辑的羁绊而呈现一种跨越式的活动。从另外一个角度，中断也是触类旁通的前提条件，当你休息或从事其他事情的时候，很可能从无关的偶发事件中受到启发进而得到灵感的闪现。

第三个阶段是接受新的刺激。中断只是放弃了显性思维走不通的模式。中断中很可能有新的事物、新的方法会刺激你，瞬间以猜测、跳跃的形式接通新事物和创意要求之间的通道，形成全新的创意灵感。因此，新事物的刺激成了触类旁通的前提必要条件。具体的创意实践中，可以听听音乐、聊聊天，跳出自己的思维空间，也可以翻翻资料采用强迫式联想，以全新的眼光和视角审视周围的一切，这时要把思维的主动性交给环境的刺激因素，新的创意刺激可能就隐藏在普普通通的事物之中。这一阶段的关键是要跳出自己逻辑的思维空间而又心有所想地看待发生在你周围的每一件事情。

（四）聚合思维

从思维的行进方向上来讲，顾名思义，聚合思维就是朝着一个方向汇集的思维过程，所谓一个方向是相对于发散思维的多向而言，而汇集则是向目标的逻辑推进，是一种叠加的思维方式。所以，聚合思维又称为集中思维、求同思维和正向思维。聚合思维的关键是要确立一个（或一些）目标或者标准，然后通过整合将不同的变化（要求）向这一目标或标准集中，利用人们对目标和标准的认可，延伸至有限的变化范围内。这里的标准则是指人们普遍认可的标准，目标则可能是多种子目标叠加下的总目标。这在我们面对创意任务时要求实现的各种客户要求、艺术与实用等相同。

在符合"中庸"和"传统"审美标准要求下，运用聚合思维设计的上海世博会中国馆端庄大方、极富中国文化特色。

聚合思维是在日常生活中最常用的思维形式，它是以标准为基础的思维模式，最容易形成统一、整体，易于认知和管理，因为容易匹配而易于被接受，但也容易形成保守、古板，缺少变化的缺点。

创意设计时，为迎合大多数消费者的认可，普通的形式创意设计更多的是采用聚合思维进行创作或在创作某一局部目标时采用聚合思维。聚合和发散两种思维形式不是完全割裂的，因为认知是需要聚合的，创新是需要发散的，但创新的结果是必须被认知的。

（五）发散思维

与聚合思维相反，发散思维的思维行进方向则是由单一点到多元点，是从思维活动的指向上多角度、反方向和立体的思维过程。因此，发散思维又叫求异思维、多向思维和逆向思维。

发散思维的关键是由标准的单一点到非传统的多元点，这种发散的宽度在某种程度上决定了成果的创新性。它往往要求从传统思想、观念理论、规范标准中寻找不同，从相反的方向、求异的目标进行思维，其思维成果与传统的标准大相径庭，其实质在于冲破束缚，多角度寻找解决的方案。因此，发散思维成了否定传统、求异创新的重要思维形式。发散思维在艺术设计中是形成标新立异的前提保证，是思维灵活的具体体现，在艺术设计中被广泛应用。

1. 发散思维的形式

（1）图形发散

发散思维以图形或者结构关系为出发点，寻找相似图形的发散加工方法。这种发散方法是视觉创意最重要的思维方式，它充分地发挥了视觉语言的形象特点，通过形的相似作为思维发散的通道，在众多相似形当中选取能够与发散本体事物产生属性关联的事物形态，透过形态结构的巧合相似性揭示本体事物的内涵属性。

（2）功能发散

以事物的功能相似为出发点，通过寻找具有相同功能的事物形象进行思维发散的加工方法。它通过用途相同作为思维发散的通道寻找出相同功能的不同事物，以异质同构的手法把发散本体事物的属性视觉化。

2. 发散思维的指导方针

（1）同中求异

发散思维的形成首先要求我们必须具有强烈的创新意识。

对待相同的事物、相同的概念和相同的表现首先要具备在相同中追求差异化的创新意识。特别是在艺术设计中，不因循老路，以独到的思考、全新的视角和新颖的表现形式追求艺术表现的新特征。

（2）正向求反

在符合大多数人的正面标准的基础上，人们往往形成习惯性的、普遍性的思考模式和表现方法，这被人们称之为正向。发散思维要求我们反其道而行之，从反方向去诠释描述对它的认识。例如橡皮泥的宣传广告，把本应该是坚硬的螺旋桨变成了柔软的面条状，从反方向去塑造直升机的造型，这不仅引起了人们对这一荒诞形象的关注，更突出了橡皮泥柔软的特点。这一反向思维的创作，最大的收获或许就在于引起了许多人的费解，更引起了许多人的关注。

（3）多向辐射

为了打破传统标准的表现模式，我们可以将事物的性质映射到诸如危害和意义等方面，从侧面表现这一事物的性质。通过把结果运用超越时空限制的跳跃压缩，提前与行为相结合构成荒诞而揭示事物因果关系的画面。这种呈现方式具有较强的警示性。

3. 发散思维的方法

（1）反转型逆向思维法

就是从反方向进行思考，是正向求反的具体思维应用形式。这种逆向思考法首先是要确立正向的标准，然后以此标准的反向角度进行思考表现。这种标准往往体现在功能、结构和因果关系三个方面，因此，逆向思维可以从相反的功能、结构和因果关系三个方面进行思考。

（2）转换型思维法

转换型思维法就是把正向思维的成果——需要表达的主题——转换一种思维角度或方

式进行思考表现的方法。在艺术表现中多采用替换的方法实现创意，前面所说的类比、拟人和移情等修辞手法就是转换型思维法的具体应用。

当然由于换的"说法"往往有悖于客观现实的真实性，因此这种表现方法总是给人一种"陌生感"，但细想又能找到其合理性，所以能给人留下至深印象。

（3）缺点逆用思维法

缺点逆用思维法是多项辐射的一种具体应用，它通常被认为将事物优缺点的一些特征加以逆向利用，是化劣势为优势、化弊为利的一种思维加工方法。设计师在设计中应挖掘产品的优缺点特征，利用逆向思维将这种特征优点当缺点用、缺点当优点用，让人们在诙谐和幽默中体会产品的优缺点，以促进视觉意义的传达。

二、创意思维的特点

（一）创意思维具有独创性

创意思维的独创性表现在突破上。面对矛盾冲突独辟蹊径寻求解决办法，是对条条框框、落后观念的抛弃，只有抛弃了别人司空见惯和墨守成规的想法，才会有独树一帜的见解和创新的产生。许多科学家和艺术家都是因为懂得否定与扬弃，才推动了人类文明进程的发展。没有思考中的创新就没有设计中的创意。

（二）创意思维具有联系性

创意思维的展开都会与事物的横向、纵向、逆向产生联系，这种联系越深入，就越会对事物的发明与创新产生更大的作用。

当创意思维的展开与事物的纵向发生联系时，我们要问问自己是不是应该更进一步深入，这种深入往往会给我们带来意想不到的结果。

当创意思维的展开与事物的横向发生联系时，这个过程往往是发现一种现象，那么根据它的特点进行的横向联想与比较，将给事物带来变化的结果。

当创意思维的展开与事物的逆向发生联系时，这个过程是思维站在了事物的对立面或反面开展的思考，这时的创意思维是对事物原有状态的否定、重新审视和分析。

创意思维的展开与事物的横向、纵向、逆向之间产生的联系是相互制约、相互影响、相互联系的。

(三) 创意思维具有多解性

创意思维的目的是寻求解决问题的方法，但创意思维不是一道"1+1=2"的算术题，创意思维具有多解性，也就是说创意思维最终寻求到的解决方式是不相同的，问题的解决有很多的方式方法。所以创意思维就是尽量多地提出设想，寻求多种答案来扩大设计的选择空间，最终以最优方案实施。

(四) 创意思维具有超前性

由于站的高度、角度、视野、寻求方向等的改变，创意思维被公众认同的成果都具备超前的意识观念，这个过程往往显示为从思维逻辑的中断到思维的飞跃。创造者的意识会因为某个思绪或外因的触发而产生飞跃的变化，从而孕育出新的观点、新的思路、新的方案，使问题豁然开朗。

(五) 创意思维具有综合性

创意思维是一个反复探索的过程，所以创意思维所应用的思维方式也是多种多样的，最终的结果是综合性的体现。因此，思维形式和心理活动的集合就呈现出综合性的特征，这是创意思维的主体。

第三节　视觉传达与视觉思维

一、视觉传达

(一) 什么是视觉传达

让我们从认知活动最基本的行为——"看"开始分析。因为我们并不如自己想象的那样了解我们的观看行为，以至于忽略了它所包含的意义。一般说来，"看"意指我们以纯机械方式睁开眼睛，观察面前的一切；"看见"是看的延伸，其结果是感知。

实际上，人类社会很早就懂得利用视觉符号来进行信息的传达。早在汉字产生以前，我国远古时期曾有过结绳记事的阶段。

利用结绳起到一定的记录和识别的作用。原始陶器产生以后，在原始陶器上刻画某些图形符号，并传达信息，而且某些图形成了部落识别性的标志图腾，铭旌、烽火、仪仗等都有其特殊的视觉含义。

（二）视觉传达类型

视觉传达设计是为现代商业服务的艺术，视觉传达设计在传达过程中主要以文字、图形、色彩为基本要素进行艺术创作，在精神文化领域以其独特的艺术魅力影响着人们的感情和观念，在人们的日常生活中起着十分重要的作用。从发展的角度来看，视觉传达设计是科学、严谨的概念，蕴含着未来设计的趋向。

1. 字体设计

所谓的字体设计，就是运用视觉美学规律，对文字的大小、笔画结构、排列乃至赋色等方面进行创意和设计。经过创意和设计的文字，能够传达文字深层次的意味、内涵以及优美的造型，能够发挥更好的信息传达效果。文字形态的变化，不影响传达的信息本身，但影响信息传达的效果。

字体设计主要分为中文字体设计和外文字体设计两大系列。具体地又有很多设计字体，如印刷体、设计体和书法体等，光是中文印刷体就有老宋体、现代宋体、仿宋体、黑体、综艺体、圆体等。外文的印刷体则有罗马体、哥特体、意大利斜体等。

字体设计有时是作为一种独立的设计要素而使用的，而更多时候是作为设计要素之一，与其他设计要素相互配合，发挥高效的信息传达作用。字体设计被广泛运用于标志设计、广告橱窗、包装、书籍装帧等设计中。

2. 标志设计

标志是一种特殊的图形符号，而且是一种具有特定内涵的视觉图形符号。作为大众传播符号的标志，由于具有超过文字符号的很强的视觉信息传达功能，所以被越来越广泛地应用于社会生活的各个方面，在视觉传达设计中占有极其重要的地位。

标志设计由于具有特定的功能，要求将丰富的传达内容以非常简洁、单纯、概括的方式，在相对较小的空间里加以表现，而且既要易于公众识别、理解和记忆，又要易于制作和推广。标志设计强调信息的集中传达，同时讲究赏心悦目的艺术性。设计手法通常有具象法、抽象法、文字法和综合法等。

3. 广告设计

广告的历史非常悠久，在原始社会末期，物品和物品交换出现以后，广告也随之出现。最早出现的是口头广告和实物广告。印刷术发明之后，出现了印刷传播技术，促使了电视与影视广告的产生。作为视觉传达的广告设计，是利用视觉符号传达广告信息的设计。广告有五个要素：广告信息的发送者（广告主）、广告信息、信息接受者、广告媒体和广告目标。济南刘家功夫针铺白兔广告的雕版印刷广告是我国现存最早的平面印刷广告，印制于北宋时期，比西方印刷广告早300多年。这则广告上面刻有"济南刘家功夫针铺"的字样，中间是一只正在捣药的白兔，商标两旁写着"认门前白兔儿为记"，下面刻有："收买上等钢条造功夫细针，不误宅院使用，客转为贩，别有加饶。请记白兔。"

简单来讲，广告设计就是将广告主的广告信息设计成易于接受者感知和理解的视觉符号。美国人杜莫伊斯说："广告是将各种高度精练的信息，采用艺术手法，通过各种媒介传播给大众，以加强或改变人们的观念，最终引导人们的行为的活动。"

实际上，广义的广告，是"向公众介绍商品、服务内容或文娱体育节目的一种宣传方式"，既有营利性的商业广告，还有非营利性的广告，如政府公告、启事、声明和公益广告等。

广告设计因广告媒介的不同可分为印刷品广告设计、招贴广告设计、招牌广告设计、户外广告设计、橱窗广告设计、礼品广告设计、影视广告设计和网络广告设计等。总之，在现代社会里，广告已经成为人们政治、经济、文化、生活中不可缺少的一部分，广告设计的种类也越来越丰富。

4. 包装设计

包装设计包括包装装潢设计、容器造型设计、包装结构设计三个方面，也就是对各种不同商品的容器和包装的结构及外观进行的设计。包装设计是视觉传达设计的重要组成部分，是对放置物品的容器及其他包装结构和外观进行的设计，又称为包装装潢设计。

包装设计按用途可分为工业包装和商业包装两大类，工业包装以保护为重点，而商业包装以促销为主要目的。从形态上，包装设计又分为内包装、中包装和外包装三种。一件成功的包装设计，能够激发人们积极购买的欲望和审美的需求，并最终推动商品经济的发展。

包装设计的方法和步骤是，首先要进行市场调查，收集相关的资料，然后从商品的生产者、商品和销售对象三个方面进行定位。开始着手设计时，先进行包装结构的设计和容器造型的设计，然后再进行包装装潢的设计，通过字体、标志、图形等视觉要素进行整体的编排设计，充分传达商品的信息，使品牌富有个性和特色。

5. 书籍设计

书籍设计指的是对书籍的开本、字体、版面、插图、封面、护封及纸张、印刷、装订和材料进行的设计，也就是对书籍的整体设计。

书籍设计要求恰当而整体表现出书籍的内容。设计师在设计之前，应首先对书籍的内容、作者写作意图和读者群有一个比较详尽的了解，使书籍设计与书籍内容、书籍种类和写作风格相符合。同时还要考虑到读者对象的年龄、职业、文化程度及审美水平和欣赏习惯不同等因素。

6. 插图与编排设计

插图具有比文字和标志更强烈、直观的视觉传达效果。作为视觉传达设计的要素设计之一，插图设计被广泛应用于广告、编排、包装、展示和影视等设计中。在书籍设计中，就已经包含有插图编排设计。不过，在视觉传达的媒介中，除了书籍设计，在广告、包装和展示、影视等设计中，也广泛应用到插图与编排设计。

插图的设计必须根据所传达信息、媒介和对象的不同，选择相应的形式与风格。例如，机械精工的商品，宜采用精密描绘、真实感强的插图，而对于儿童商品，则采用轻松活泼、色彩丰富的插图效果会更好。

编排设计，指包括书籍、报刊、册页等所有印刷品的版面设计，而编辑与排版设计，是指将文字、标志和插图等视觉要素进行组合配置的设计。这种将多种视觉要素进行组合配置的设计，能使版面的整体视觉效果美观而易读，从而激起读者观看和阅读的兴趣，并便于阅读理解，最终实现信息传达的最佳效果。一般来说，文字、图版、图表是构成编排设计的三个要素，它们往往需要综合利用，才能达到整体版面美观而易读的效果。

7. CI 设计

CI 设计，就是企业识别设计，也称企业整体形象设计。由 CI 设计建构起来的系统化、标准化的整体设计系统，称为"企业识别系统"。

CI 设计实际上就是将企业的经营理念和企业的精神文化，通过统一视觉传达设计加以整合和传达。CI 设计作为一个企业识别的系统工程，它概括了三个层面：一是"MI"（Mindldenticy），即理念识别：二是"BI"（Behaviourldentity），即行为识别；三是"VI"（Visualldentity），即视觉识别。

8. 展示设计

展示设计也称陈列设计，即依据一定的主题和目的进行三维视觉传达。现代的展示设计是一项综合性的空间视觉传达工程，它不仅包括版面设计、印刷技术，还包括建筑室内外空间、交通计划、人群控制、家具陈列、照明、摄影、音像、计算机技术、材料、构造、安装、预算等诸多因素。总而言之，展示设计包括物、场地、人、时间四大要素。展示设计已经不纯粹是视觉传达设计，它还兼有产品设计和环境设计的因素。

展示设计一般可分为销售展示设计、展览设计、室外标志设计。而展示设计的范围十分广泛，包括博物馆、科技馆、美术馆、世博会、广交会和各种展销、展览会等。商场内外橱窗及展台、货架陈列设计也属于展示设计。

9. 影视设计

影视设计包括电影设计和电视设计，是对影视的图像和声音及其在一定时间维度里的发展变化进行设计，使之借助影视播放技术，将特定的信息更加生动鲜明、快速准确地传递给信息接受者。影视设计作为多媒体的设计，它综合了视觉和听觉符号进行四维化的信息传递，较之其他的视觉传达设计，影视设计具有信息传递的生动性、准确性和迅速性的特点。

影视设计还包括各类动画片、广告片、专题片、字幕等的设计。随着计算机辅助设计CAD 技术和激光制作技术的引进，影视设计的信息传递更加高效，视听效果更加精彩，影响更加广泛。

二、视觉思维

（一）视觉思维的概念

视觉思维的概念最早是由格式塔心理学家阿恩海姆（Arnheim）出版的视知觉一书中所提出的。他认为"视知觉，即视觉思维"，即"一切知觉都包含着思维，一切推理中都包含着直觉，一切观测中都包含着创造"。这基本上反映了视觉思维概念的主要思想。但遗憾的是，他并没有对视觉思维进行详细的描述和定义。视觉思维应该属于形象思维的一个分支，除了具备形象思维的基本特征以外，它的思维材料是限于视觉元素的，视觉和视觉形象是思维的一种基本媒介、基于视觉表象和视知觉所形成的视觉意象，只有结合最终的视觉表现才能称之为完整的视觉思维过程。视觉思维与形象思维同样具有极强的创造性和能动性。

（二）视觉思维的材料

视觉思维的材料是基本的视觉元素和对事物感知所留下的印象。从形象思维和直觉思维角度来讲，思维加工的材料是表象。

1. 表象的概念

表象是基于人类对事物的感知而留存于人们大脑之中的、夹杂着个人对事物认识的记忆形象，它既可以是整体的也可以是分解和组合的。简单地讲，就是指那些具有事物属性特征的形象，在人们主观上反映所产生的图形。它不仅带有事物的客观属性，同时也带有个人的主观色彩。

2. 表象的形式

（1）属性表象

我们将那些表现事物属性特征（事物性质的存在形式）的形象元素称之为属性表象。

（2）关系表象

我们将那些表现事物结构特征（事物之间的空间位置和组合次序相互作用的关系）的结构形象称之为关系表象。换句话讲，我们把那些通过结构关系形成的视觉形象称之为关系表象。

3. 视觉艺术表象的特征

（1）作为视觉艺术的表象，它必须是可以感知的视觉元素，因此，事物的形状、线条、色彩、空间结构和动态等就成了视觉艺术表象的主要材料特征。（2）艺术表象是人们对自然形态经过主观的尖锐化和整平化加工后，形成的具有突出人为印象痕迹的人工形态，它不等同于自然形态，其事物特征更为突出。（3）它来自自然形态，其造型的本质规律从属于自然形态。（4）表象必须经过视觉思维和视觉表现加工才能上升为艺术形象，设计师通过对事物的形状和线条等视觉元素进行加工处理才能实现寄予情感的艺术形象（意象）创造。

第四节　创意思维与艺术设计的关系

创意是艺术设计的灵魂，一件创意平庸的设计作品就像过眼云烟一样在观者的心里不会留下一丝痕迹,这样就会违背设计的原则与初衷,因此,拒绝思维的平庸,用创意解决问题是我们应该始终坚持的理念。

我们完全有理由相信创造力制胜的时代已经到来。创意很显然在以加速度的形式改变着人们的生活方式,为人类创造最大限度的自由与便捷,现实生活变得更加有趣。我们要想在竞争的环境中脱颖而出,就要超越方法与技能,超越逻辑与理性,坚信创意是一股不可思议的力量。因此,创意对于一个设计师来讲极为重要,要求设计师必须具有宽广的变化视角,深邃的智慧,丰富的知识和个人的自信、经验、品位与眼光,既不盲从,又不孤芳自赏,既宽泛而又严谨。同时,还应重视本民族悠久的文化传统和民族文化本色,文化是不可以复制的,创意是一种恒动的力量,创意与文化的相遇将是强强联合。

一、创意与艺术设计的关系

创意是以创意设计为核心的生产领域,是文化艺术设计和商品生产的结合,它推崇创新与个人创造力,强调文化艺术对经济的支持与推动。随着科技的高速发展和人民生活水平的提高,人们对生活品质的要求也越来越高。受现代艺术与现代科技双重制约,现代设计无论怎样发展,都无法脱离文化对它的深刻影响。融使用功能、享受功能、欣赏功能于一体,是历史文化与科学技术对现代设计文化提出的高要求。民族性、地域性、社会性和历史性的文化,时刻影响着现代设计运动。

文化一直被设计界所瞩目。设计是将人类的精神意志体现在物中,并影响人们的生活方式。一切文化层面的东西都会通过设计在人的生活方式中得到体现。设计的产品,通过自身的存在,向大众传达各种信息,实现其物质文化的基本功能。设计的过程是设计师审美经验物化的过程。设计作为一种文化现象,必须具有文化与艺术含量,这一点在产品设计中,是不能忽视的。一个产品的基本使用功能,既能满足消费者的使用需求,又能满足消费者的享受需求,而且还应有欣赏功能。设计是在文化的基础上设计,设计在为人创造新的物质用品的同时,实际上也是在创造一种新的文化。

艺术设计是文化创意中一种不可忽视的形式,它包括广告、建筑、工业设计、时装设计、出版、多媒体艺术、工艺品、影视动画等,几乎涵盖了文化创意产业的各个领域。作为一种新型的生产力,它通过强调创造性与个性,来提高产品的科技、艺术含量和审美附加值,从而创造出更大的经济效益,与市场、企业有着紧密的联系。事实证明,今天的艺术设计已渗透到社会经济生活的方方面面,成为提高经济效益和市场竞争的重要战略和有效途径。随着人们生活水平的提高，人们对艺术的追求越来越高，文化创意的艺术价值也愈加得到重视和彰显。在这种形势下，艺术设计对于产品走向市场、创造产品附加值以及文化建设都起了不可忽视的作用。对艺术设计来说，"创意"是核心要求，那么"产业"则指明了设计发展的方向。艺术设计作为"文化创意产业"而发展，能够使其内涵的界定更加清晰，从而有利于推动其向纵深发展。文化创意产业为艺术设计的发展提供了机遇和土壤，为艺术设计的应用提供了广阔的思维空间，必将造就艺术设计的繁荣。同时，艺术设计的繁荣也会为文化创意产业带来不可估量的利润。

二、创意思维在艺术设计中的表现

艺术设计之多向、多元、多极性，构筑了人类环境艺术领域的现代特征。艺术设计创作时须一气呵成，不容打断。然而在理论和实践两个高峰之间的创造间隙，艺术家了解和研究了艺术设计的多向度、多元性、多层次，及其艺术观念、个性、修养——茅塞顿开，扬长避短，克短拔优，顺应时代而充实丰富"自我"迈向艺术的新台阶，从而实现了设计的突破和创新。这种创新精神不仅是对设计方法的合理运用，更是对艺术的透彻理解和多学科的融会贯通，也就是艺术设计的灵魂。只有不断地创新才能顺应历史，适应时代，才能把握设计的命脉，感受设计的灵魂。设计理论日趋多元化，信息社会文化艺术诸多因素及各种艺术潮流之变异要求每一个设计者都要"与时俱进"，具有创新精神，适时地做出改变以求得更好的适应，更大的突破。创意思维的注入能够给予作品以真正的生命力和价值！艺术设计的创新主要反映在其作品的生命力特征中，即感受力、想象力、创造力、表现力，使它不再属于艺术设计这一小小的范围之中，而是面向世界，深入人们广泛接触的生活之中。艺术设计新作品之丰富，使多元多极的艺术设计在发展和比较中成熟，而只有当历史感悟与时代意识、精神物质融合之际，创造性思维才能把它的能量发挥到极致，艺术设计的灵魂才能得以升华。

在人类本体与自我的心理追溯和审美需求的寻觅中，艺术家追求表现新颖和新型的多向多维文化心理意识，情绪心态欲求之个性艺术，追求和表现艺术设计递进层次的本源和主流，它们与未来交相辉映，超越了时代而产生另辟蹊径的新轨迹，创造出上乘佳作。艺术作品的创新，凝聚了人的心态欲求、热情活力、智慧潜能和天性素质。艺术设计的未来发展要通过把握这种精神特质来实现。

第二章　创意设计思维的训练

第一节　视觉思维创意模型与加工

一、视觉思维创意模型

美国创造学家麦金（R. H. McKim）利用格式塔心理学的成果对创新思维进行了进一步的研究，他在斯坦福大学开设的创造性思维训练课程取得了丰硕的成果，总结出的"设想构绘"基本模型就是视觉思维加工方式的图形化表达。

麦金认为的"设想构绘"，在实际操作过程中"观察""构绘"和"想象"三者是有机统一的。也就是说，视觉创意构思的过程是三者相互作用的。如果"观察"是基础，"构绘"是手段，那么构思过程的核心就是"想象"。因此，想象力是创意设计能力的重中之重。

（一）学会观察

观察是获得视知觉的最重要手段。从麦金的创意模型中可以看出，观察是创意训练的第一个环节。在艺术设计创意中观察的内涵是什么？如何去观察？怎样训练我们的观察能力？下面我们先从一些观察的理论认识开始，逐步展开。

格式塔心理学认为，观看的行为被证明是外部形态的性质和观看主体之间的相互作用。麦金认为，人们在进行观察活动时，总是将他们的思维精神活动外化到具体的实物形态当中。同一内容，由于作者关注点、移入情感的不同，自然"看到"的东西就呈现出不同的感受。

下面简单为大家介绍一些具体的观察训练方法。

1. 比较观察法

比较是我们认识事物最重要的方法，我们可以对事物的形态和色彩进行比较，也可以对事物的性质和表现进行比较。我们可以采用点对点的比较方法，也可以采用整体的比较方法。

2. 层次观察法

由表象的观察深入事物的本质属性，这要逐步地、一步一步地进行观察。我们对艺术设计创意的鉴赏，也是由表层的形象创意欣赏逐步深入主题深度的创意，再由形式表现与主题深度创意的结合上升到更高境界的艺术表现。

3. 立体观察法

立体观察法就是要求我们从三维空间多角度、立体地观察和把握事物。从另外一个概念，也就是要求我们变换眼光、变换角度和变换身份，从多维的角度去观察和认识事物。

4. 联系观察法

联系观察方法就是要求我们在观察事物时，积极地与同类事物相联系，与我们已有的经验相联系，与我们的任务相联系，通过这种观察找出事物的内部关联。

（二）要多动手

根据麦金的创意模式，"构绘"实际上是我们在观察时通过想象将精神活动进行外化的一种实践，通过"构绘"意象中的形态来呈现我们的内心活动。因此，"构绘"的第一个环节是表达，然后通过对"构绘"形态的再观察，去检验我们的想象和认识，最后再根据我们检验的结果形成新的设想修改策略，重新修改表达，这样就形成了一个回路，表达、检验、反馈表达，循环往复，直至形成完美形态。

因此，从技能角度来讲，我们必须多动手才能熟能生巧，从创意的角度不仅同样需要熟能生巧，更重要的是动手"构绘"是艺术设计创意思考环节的重要延伸，只看不想或只想不做，将动手"构绘"与看和想象割裂，是不能够产生完美创意的。

基于此，我们认为多动手不仅能够提高我们的形态表达能力和创意思维能力，同时也对认识事物的深度和对事物的整体把握大有益处。

我们建议创意学习中应强化速写能力和结构素描的空间组织能力的培养，养成多用草图形式临摹设计作品和构思时使用草图形式记录思考结果的习惯，这样不仅能够让我们更准确地刻画自然形态的心中意象，更将对创意设计的学习起到积极的推动作用。

（三）善于想象

想象包括两个重要的创意思维过程——打破常规秩序和全新构想，这对思维能力的提高是至关重要的。

想象力的提高是可以按照某种方法进行的。首先，我们要积累丰富的生活经验，通过多"看"上升成为生动的感性形象；其次，多"动手"积极地储备各种事物的表象元素；再次，在学习中丰富我们的文化素养，强调对事物的特性和整体把握能力，提高我们对事物的认识深度；最后，在日常生活中随时随地多进行随意性想象，围绕形象多进行比喻、类比和联想训练，打破现实秩序对我们精神的羁绊。

二、视觉思维的加工方式

视觉思维的加工就是意象的生成过程。视觉思维的加工材料是事物的表象，与其他思维加工的方式相同，通过对形态的观察、分析，然后进行抽象与概括的整合，实现情感植入转换。具体的思维加工方式更多地以联想和想象为思维形式，对形象进行分解和组合以夸张其特征。

德国设计大师冈特·兰堡（Gunter Rambow）经历过特殊时期，对曾经赖以生存的土豆有着浓厚的情感。

在他的作品里土豆孕育着生命、德国的精神与文化，他的"土豆"同时也体现出了一个设计师独到的视觉语言。在他的作品中，设计师依据对"土豆"的认知印象，把土豆分解为皮和形态，想象组合成虚幻的土豆，表现出了"视觉诗人"浪漫艺术的超现实感受。同时，利用自然的土豆皮外部质感和内部鲜艳明亮的色彩对比，巧妙地表现出外表朴实内心炽热的德国民族性格。我们可以从土豆皮的质感和形状中感受到那种熟悉，更能从土豆皮构成虚幻土豆的形状中和土豆皮内部的鲜明色彩中强烈地感受到那种艺术的陌生感。正是通过这种陌生感形象的强烈刺激，引起人们的注意并激发人们的想象，由此将设计的感受及情感通过视觉语言形象地进行传递。设计师正是通过对日常生活中现象的观察，通过分解和整合不同概念的视觉形象与自身情感相结合，创作出触动人类情感的优秀作品。

第二节　想象力：创意联想与创意整合

一、创意联想

（一）联想是人类设计文明的发展动力

想象是人的一种特殊的心理能力，按其内容的独立性、新颖性和创造性的不同，又可分为再造性想象和创造性想象两大类。联想扩展性的最后结果和最高阶段应该是创造性想象，而创造性想象的能力是设计师应有的素质和条件。

人们由这一事物、人和概念联想到别的事物，这种心理思维过程称为联想，它是人类对未知世界的勇于探索和大胆挑战。

正是这种联想，能帮助设计师从别的事物中得到启发，从而拓宽设计思路，促进设计思维的发展。联想就像一把钥匙，能迅速把人们头脑深处埋藏着的大量知识、经验、情报、信息和记忆唤醒和聚集起来。联想作为工业设计的一种创造性思维方法和设计方法，可称之为"联想设计法"。

世界万事万物都存在客观上的某些内在联系和主观认识上的某种关联性。当我们思考一个问题或者接触某一事物的时候，忽然会从这一问题、这一事物的某一点迅速地与另一问题、另一事物的相似点或相反点自然而然地联系起来，这就是联想。由此看，除人脑及其机能是联想的生理基础和物质条件外，事物与事物之间的关联性就是联想产生的客观因素。

联想创意的表达方式有形态重叠法、置换图形法、移花接木法、夸张对比法、借物喻人法。

联想创意的切入点有如下几种方式。

一是突破习惯观念，以逆向的图形语言传达信息；二是受众的心理因素，人情味的构想、好奇心理的构想（倒置的状态、恐惧的心理）、爱美心理的构想、异性心理的构想；三是增强心理感受，感受时间、感受兴趣（幽默、悬念）、感受速度。

创新思维是逻辑与形象思维的综合体现。

逻辑思维，科学＝准确性、合理性（以理服人）；形象思维，艺术＝生动性、独创性（以情动人）。

设计师要有开启消费者心灵之门的钥匙。一个设计师不仅要有创新思维的能力，同时在生活中还要注意观察，凡事都要留个"心眼儿"，即生活之眼—艺术之眼—设计之眼，做到"眼中看、心中想"。"心"——关注消费者的个性化追求（产品越来越个性化）。"眼"——设计作品的个性诉求，满足消费者个性化的需求。

1. 形态重叠法

形态重叠是将两个以上的视觉元素相叠构成的结果。

2. 置换图形法

置换图形法是将看上去似乎毫不相关的物体，选择出某一特定方面的关联性，找出物体之间在某一特定意义上的内在联系。

3. 移花接木法

在创意设计中，我们常"偷梁换柱"，将图形视觉元素的某一部分截取，然后换成另一种视觉元素，通过类比，使移花接木的结果合乎情理。

4. 夸张对比法

夸张对比法是指夸张某一物象，使之超出原有的比例尺寸概念，通过大与小、高与低、多与少等反差效应，借以改变人们的正常视觉印象，从而达到突出某一物象的目的。

5. 借物喻人法

借物喻人法是指人们常会由这一事物、人和概念联想到别的事物和概念的心理思维过程。

联想的表达不受任何时间与空间的制约，它既可使无生命的物象创造出生命的迹象，也可让有生命的生物呈现出无生命的物象。

人的想象力是一切事物进步的源泉。只要勤动脑、多思索，善于启动自己的联想机器，从日常工作和生活联想到产品造型与装饰的设计，我们就可以从中得到启迪，引发出富有创意的联想。

联想的方法丰富多彩，它们都可能产生创造性的设计，关键在于我们如何去捕捉联想，碰撞出创意的火花。

（二）生活中需要想象思维

设计艺术家的想象活动，往往是以记忆中的生活表象为起点，通过以往的体验、回忆,运用各种新的手段,再将这些记忆组合,并从中产生新的艺术形象。因此,无论从事哪一类艺术创造,都离不开艺术家的想象思维。

随着现代科技的高速发展,人类社会的不断进步,现代人的精神生活与物质生活要求越来越高,因而对现代设计师的设计要求也越来越高。作为一名现代设计师,要想创造出好的设计作品,其本身必须具备一种超然的想象力。许多优秀设计作品的创作经历证明,想象思维蕴藏着极大的创造力。

从人类社会的发展史和人类的发展前景来看,设计艺术是一项全新的事业。因为人类社会的发展以及人的物质生活与精神生活需求是无止境的,所以,设计师的艺术追求也是无穷尽的。一旦设计师自我满足,他就不会去想象,也就不会去发现、去创造,自然,他的设计生命也就逐渐消亡;相反,如果设计师经常进行创造性的想象思维,善于发现和创造,则会保持旺盛的创造热情,使自己的设计青春充满了生机与活力。

设计师在运用想象思维时,应打破惯性思维的方式,采取逆向思维方式,并持"怀疑一切"的态度,方能使自己的设计别具一格,富有新意。

想象力是艺术人才进行创意设计时最基本、最重要的一种思维方式。想象力也是评价艺术工作者素质及能力的要素之一。

二、创意整合

对设计师来说,设计是一种表达方式,必须通过线条、面积、体积、色彩、质地、光影等语言,表达一种他对生活和世界的理解和解释。组合设计法就是把原来不能单独存在的相近的东西组合起来的方法,或是把两种功能让一件作品来担当。

家具设计是将人工物的内部环境(人工物自身的物质和组织)和外部环境(人工物的工作或使用环境)相结合。所以家具设计是把握人工物内部环境与外部环境结合的学科,这种结合始终都是围绕人来进行的。

当代工业设计越来越注重产品的环境及社会效益。环境问题是当今人类面临的三个重大问题之一,作为人类物质环境的生活质量规划者的工业设计师,对于保护和改善人类生活环境负有重要的责任。

因此,工业设计师应更加注重环境因素,树立设计中的环境意识,包括在设计中尽量减少环境污染,努力使人造环境更好地与自然环境协调起来,以及使产品与产品之间在功能和形式上相互呼应,形成和谐的人造环境。

（一）整合的能力等于设计师的创造能力

设计是一项涉及社会、经济、政治、技术多个领域的行为，它既涵盖艺术创作，又涉及经济运作、集体合作、生产制作与社会传播。所以，我们在提倡创新的同时，也应该注重培养设计师的整合能力。

1. 设计元素的组合

在进行产品设计时，设计师根据人们生活的需要，把不同的基本功能元素进行整合，寻找顾客尚未得到满足的诉求，进而形成设计方案。如在手机的设计方面有各种设计元素组合，摄像头、MP3、视频、收发邮件，手机的机身可旋转、可滑盖，还有颜色、重量等，顾客需要的设计元素均可按一定的法则组合、叠加在一起，每一种整合都是创新在起作用。

设计创新只有建立在宽广的整合能力之上，才会有益于社会，才会有生命力；只有建立在深厚的艺术修养、设计技能基础上的创新，才有根基，才会持久发展。

2. 整合设计创造效率

机场、车站或其他公共场合，都有大量指示性的标志与多媒体信息牌。这些标牌的设计师需要的不仅是创新的能力，更重要的是具备对国际通用标志的了解，对人的行为、社会因素、安全、材料制作等因素的整合能力。设计的目的不仅要考虑大众的方便和公共场合的美观，也要注意作品如何影响大众的安全和公共设施的使用效率，就是使旅客能够在很短的时间里找到要去的地方，快捷而方便。有了明确的设计目的，才能找到最佳、最简洁并一目了然的设计方案。

其实，设计是一个整合的过程。设计师对与设计项目有关的各个因素进行综合处理，将各种设计元素进行合成，从而得到解决问题的方案。

3. 整合的能力是设计师多维的综合发展

在一个均衡发展的状态下，设计师的整合能力与创新能力才能相得益彰。画家与设计师的区别在于：画家更多注重的是线性发展，沿着个人所定的某个方向富有创造性地发展，而设计师要注意的应该是多维的综合发展，这种发展有赖于设计师对艺术、技术、社会的整合能力。

（二）整合离不开深厚的文化根基

优秀的设计师应具有深厚的文化根基、良好的艺术素质和卓越的创新能力，以及一流的设计技巧和对社会因素的整合能力。缺乏创新的设计可能是平庸的，缺乏整合的设计很可能是无用的。设计师要追求的应该是创新与整合的统一。

创造性思维是由判断力、知识面、信息量等手段相互支持才得以成立的，从设计创造的角度来说，感觉、信息的积累、知识与修养，再加上判断力，才能准确地把握好设计的创意。

创意是长期感悟的结果，创造性思维是设计的命脉，在人类未来生活方式的创造中，设计是一种智力资源，它以那些有着生动灵活的、充满新锐的创意，引领我们去触摸、去追求一种更高品质的生活，为平淡的生活增添一份温馨的色彩，给人以人文的关怀。

第三节　创意设计思维的训练方法

灵感，在传统的观点看来，是玄之又玄，可遇不可求的。但是对于设计师来说，创意是每天的工作，是强制性的劳作，是好作品的生命线，是客户满意的必杀技。而灵感又是创意的源泉，如何保证每个项目的创意，如何获得源源不断的灵感，本节将提供各种创意思维的训练方法，有助于我们获得发现、捕捉灵感的能力。

一、联想发现创意法

（一）头脑风暴法

1. 头脑风暴法的概念

头脑风暴法（Brain Storming）又称为脑轰法、智力激励法、激智法、奥斯本智暴法等，是一种激发群体智慧的方法。头脑风暴法可分为直接头脑风暴和质疑头脑风暴法。前者是在专家群体决策基础上尽可能激发创造性，产生尽可能多的设想的方法；后者则是对前者提出的设想、方案逐一质疑，发现其现实可行性的方法。头脑风暴法是一种集体开发创造性思维的方法。

头脑风暴在激发设计思维时的优势，主要有以下几点：

（1）联想反应

在集体讨论问题的过程中，每提出一个新的观念，都能引发他人的联想。相继产生一连串的新观念，产生连锁反应，形成新观念，为创造性地解决问题提供了更多的可能性。

（2）热情感染

在不受任何限制的情况下，集体讨论问题能激发人的热情。人人自由发言、相互影响、相互感染，能形成热潮，突破固有观念的束缚，最大限度地发挥创造性的思维能力。

（3）竞争意识

在有竞争意识的情况下，竞相发言，不断地开动思维机器，力求有独到见解、新奇观念。心理学的原理告诉我们，人类有争强好胜的心理，在有竞争意识的情况下，人的心理活动效率可增加50%或更多。

（4）个人欲望

在集体讨论解决问题的过程中，个人的欲望自由，不受任何干扰和控制，是非常重要的。每个人畅所欲言，提出大量的新观念。据国外资料统计，头脑风暴法产生的创新数目，比同样人数的个人各自单独构思要多。

头脑风暴法还有很多"变形"的技法。例如，与会人员在数张逐人传递的卡片上反复地轮流填写自己的设想，这称为"克里斯多夫智暴法"或"卡片法"。德国人鲁尔巴赫的"635法"是指6个人聚在一起，针对问题每人写出3个设想，每5min交换一次，互相启发，容易产生新的设想。还有"反头脑风暴法"，与会者专门对他人已提出的设想进行挑剔、责难、找毛病，以不断完善创造设想的目的。当然，这仅是针对"问题"的批评，而不是针对与会者的"人"。

2. 头脑风暴法的基本流程

（1）确定议题

一个好的头脑风暴法从对问题的准确阐述开始，必须明确需要解决什么问题，同时不要限制可能的解决方案的范围。比较具体的议题能使与会者较快产生设想，主持人也较容易掌握；比较抽象和宏观的议题引发设想的时间较长，但设想的创造性也可能较强。

（2）会前准备

为了提高效率，应该收集一些资料预先提供给参与者，以便了解与议题有关的背景材料和外界动态。就参与者而言，在开会之前对于要解决的问题一定要有所了解，座位排成圆环形。另外，在头脑风暴会正式开始前还可以出一些创造力测验题供大家思考，活跃气氛，促进思考。

（3）确定人选

每一组参与人数以 8～12 人为宜。与会者人数太少不利于交流信息、激发思维，人数太多则不容易掌握，并且每个人发言的机会相对减少，也会影响会场气氛。

（4）明确分工

要推选一名主持人，1～2 名记录员。主持人的作用是在会议进程中启发引导、掌握进程，归纳某些发言的核心内容，提出自己的设想活跃会场气氛，让大家静下来认真思索片刻再组织下一个发言高潮等。记录员应将与会者的所有设想都及时编号并简要记录写在黑板等醒目处，让与会者能够看清。记录员也应随时提出自己的设想。

（5）规定纪律

根据头脑风暴法的原则要集中注意力积极投入，不消极旁观，不私下议论，发言要针对目标且开门见山，不要客套也不必做过多的解释，参与者之间相互尊重，平等相待，切忌相互褒贬等。

（6）掌握时间

会议时间最好安排在 30～45min。如果需要更短时间，就应把议题分解成几个小问题分别进行专题讨论。经验表明，创造性较强的设想一般在会议开始 10～15min 后逐渐产生。

3. 头脑风暴应遵循的原则

（1）禁止批评和评论，也不要自谦

对别人提出的任何想法都不能批判、不得阻拦。即使自己认为是幼稚的、错误的，甚至是荒诞离奇的设想，亦不得驳斥；同时也不允许自我批判，在心理上调动每一个与会者的积极性，彻底防止出现一些"扼杀性语句"和"自我扼杀语句"。诸如，"这根本行不通""你这想法太陈旧了……这是不可能的""这不符合某某定律"以及"我提一个不成熟的看法""我有一个不一定行得通的想法"等语句，禁止在会议上出现。只有这样，参与者才可能在充分放松的心境下，在别人设想的激励下，集中全部精力开拓自己的思路。

（2）目标集中，追求设想数量，越多越好

在头脑风暴会议上，只强调大家提设想，越多越好。会议以谋取设想的数量为目标。

（3）鼓励巧妙地利用和改善他人的设想

这是激励的关键所在。每个与会者都要从他人的设想中激励自己，从中得到启示，或补充他人的设想，或将他人的若干设想综合起来提出新的设想等。

（4）与会人员一律平等，各种设想全部记录下来

与会人员，不论是该方面的专家、员工，还是其他领域的学者，以及该领域的外行，一律平等；各种设想，不论大小，甚至是最荒诞的设想，记录人员也应该认真地将其完整地记录下来。

（5）主张独立思考

不允许私下交谈，以免干扰别人思维。

（6）提倡自由发言，畅所欲言，任意思考

会议提倡自由奔放、随便思考、任意想象、尽量发挥，主意越新、越怪越好，因为它能启发人推导出好的观点。

（7）不强调个人的成绩

应以小组的整体利益为重，注意和理解别人的贡献，人人创造民主环境，不以多数人的意见阻碍个人新的观点的产生，激发个人追求更多更好的主意。

（8）延迟评判

当场不对任何设想做出评价。既不能肯定某个设想，也不否定某个设想，也不对某个设想发表评论性的意见。一切评价和判断都要延迟到会议结束以后才能进行。

4. 整理分析

获得大量与议题有关的设想，任务只完成了1/2，更重要的是，对已获得的设想进行整理分析以便选出有价值的创造性设想。首先将所有提出的设想编制成表，简洁明了地说明每一设想的要点，然后找出重复的和互为补充的设想并在此基础上形成综合设想，最后提出对设想进行评价的准则。

一般可将设想分为实用型和幻想型两类。前者是指如今技术工艺可以实现的设想，后者是指如今的技术工艺还不能完成的设想。对实用型设想，再用脑力激荡法去进行论证、进行二次开发，进一步扩大设想的实现范围。对幻想型设想，通过进一步开发，有可能将创意的萌芽转化为成熟的实用型设想。这是脑力激荡法的一个关键步骤，也是该方法质量高低的明显标志。

5. 质疑头脑风暴法

质疑头脑风暴法是对每一组或每一个设想，编制一个评论意见一览表以及可行设想一览表。遵守的原则与直接头脑风暴法一样，只是禁止对已有的设想提出肯定意见，而鼓励提出批评和新的可行设想。质疑头脑风暴法要求参加者对每一个提出的设想都要进行质疑，并全

面评论。评论的重点是研究有碍设想实现的所有限制性因素，对已提出的设想无法实现的原因进行论述，并且提出如果要使设想成立必须增加或者修改的要素。最后，对质疑过程中提出的评价意见进行评估，以便形成一个对解决所讨论问题实际可行的最终设想。

（二）分合法

分合法是美国麻省理工学院教授威廉·戈登州（W. J. Gordon）提出的一种创造理论。分合法又称为提喻法。分合法是以小组讨论为形式，以类比推理为手段，通过同质异化（变熟悉为陌生，由合而分）与异质同化（变陌生为熟悉，由分而合），以发散联想为基础，以类比表现为成果的一种创意设计方法。

分合法的实施过程主要分为三部分。

1. 主题分解抽象阶段

就是将创意主题进行分解、提纯，转换为最基本的概念，这就要求讨论主持人将创意题目以其本质属性、功能的相似性转换为几个较为抽象的词汇概念，这样可以有效地避免由于对具象表象的"熟悉"，从而制约艺术创新的表现。

2. 联想类比转换阶段

这一阶段主要是通过对主题抽象概念的联想方法，寻找把熟悉的对象分解成为陌生的类比对象，或者将陌生的对象分解成为熟悉的类比对象。这一阶段是分合法的核心阶段，它主要采用联想拓宽思路和类比推理的心理加工寻找类比对象，在实施与组织过程中要遵循思想风暴的游戏规则。

3. 类比整合重构阶段

根据上一步骤的联想成果，利用类比推理产生的类比对象，结合创意整合需要，按照视觉形式表现法则组织结构类比的画面形态。

（三）聚散法

聚散法，其实就是组合创新。目前，大多数创新的成果都是通过采用这种方法取得的。

聚散法的表现形式主要有以下几种。

1. 功能聚散

功能聚散就是把不同物品的不同功能、不同用途组合到一个新的物品上，使之具有多种功能和用途。比如，按摩椅就是按摩功能和椅子功能的结合体，具有计算功能的闹钟也是一种新的组合。

2. 意义聚散

这种组合功能不变，但组合之后赋予了新的意义。比如，在文化衫上印上旅游景点的标志和名字，就变成了具有纪念意义的旅游商品。同样，一本著作有了作者的亲笔签名，其意义也会不同。

3. 构造聚散

把两种东西组合在一起，它便有了新的结构并带来新的实用功能。比如，房车就是房屋与汽车的组合，它不仅可以作为交通工具，还可以作为居住的场所。

4. 成分聚散

两种物品成分不相同，组合在一起后，就构成了一种新的产品。比如，柠檬和红茶组合在一起，就开发出了柠檬茶。调酒师调制鸡尾酒采用的也是一种不同的成分组合。

5. 原理聚散

把原理相同的两种物品组合在一起，产生一种新产品。比如，将几个相同的衣服架组合在一起，就可构成一个多层挂衣架，以分别挂上衣和裤子，从而达到充分利用衣柜空间的目的。

6. 材料聚散

不同材料组合在一起，不仅可以改善原物品的功能，还能带来新的经济效益。比如，现在电力工业使用的远距离电缆，其芯用铁制造，而外层则用铜制造，由两种材料组合制成的新电缆，不仅保持了原有材料的优点，还大大降低了输电成本。

（四）多元思考法

多元思考法，就是每件事情不要期待只有一种答案，而应多方面思考，创造复数的解决可能性。

1. 从不同立场进行思考

一般人其实都有相当固定的思考模式。但事情一固定，就会顾此失彼，失去多元创意的弹性。想要锻炼多元思考能力，必须抛弃过去习惯，换个角度重新思考，这是最根本的步骤。如果你是上班族，则不妨用上司、顾客或者同行竞争者的立场，重新思考问题，此时就会发现对事物的一些新认识、新看法。

2. 养成边写边思考的习惯

有好想法、好点子时随时记录下来，也是培养多元思考能力的有效方法。只在脑袋中想象，思考容易偏差、窄化。写下来则可让自己更容易掌握整体图像，发现缺点与不足之处。此外，开始收集材料时，不妨事先准备存储设备，一有发现就存储下来。如此不仅能防范遗漏，还可迅速地将资料体系化。

（五）心智图法

心智图法是英国头脑基金会总裁托尼·巴赞（Tony Buzan）提出的一种"全脑式学习法"的思路管理形式，所以它也叫思维导图。它的主要形式是将创意的若干方面和每一分支的延伸思考进行图示化记录，简单地讲就是思维过程图示化，然后根据不同分支之间的形象与概念属性进行同构。具体方法是将主题概念或具象化形象分解为多个子概念分支，以此为中心采用联想的方式延展，以具象的表现方法形成放射性思路的图像化网络，有机地将左脑的抽象概念、条理秩序和归纳等特点与右脑的具象表现、结构、空间、情感、整体、节奏韵律和想象统一整合。通过发散思维的条理化管理，使得多发的条理在类推中寻找跨越的合理性。这是一种思维发散的管理形式，也是思维抽象的图示化表现，它对创意的分解与同构起到了很好的促进作用。

1. 思维导图的种类

思维导图主要分为联想脑图与分类分层脑图。

（1）联想脑图

联想脑图用来做事物联想的记忆图。用树状结构和图像再辅以颜色、符号、类型和关联来画脑图。联想脑图与分类分层的脑图不同，它是用来做思考联想用的。

联想脑图的特点：①建立联想中心主题，使思考不致离题；②帮助大脑做联想，并记录下来；③帮助思考和决策。

（2）分类分层脑图

分类分层脑图是用来把分门别类的脑图，做成分门别类的记录。

分类分层脑图的特点：①代替传统的笔记方式（如代替上课笔记）；②在大脑中建立整体架构；③分类可帮助记忆和学习（分类记忆法）。

2. 脑图的制作方法

（1）工具

工具方面，只要可画图的纸张（一般 A4 或 B4 纸）及方便使用的颜色笔即可或者使用计算机。

（2）主题

一开始就把主题摆在中央。向外扩展分支，近中央的分支较粗，相关的主题可用箭头号连接。在纸的中央，从主题开始，最好用一个符号，然后画出从主题上分散出来的分支。

（3）关键词

使用"关键词"表达各分支的内容，脑图目的是要把握事实的精粹，方便记忆，所以不要把完整的句子写在分支上。

（4）内容

将相关的内容放到同一分支上，每一内容如新的亚分支那样分散开来。使用符号、颜色、文字、图画和其他形象表达内容。图像愈生动活泼愈好。

（5）风格

建立自己的风格——脑图并不是艺术品，所绘画能够帮助记忆，才是最有意义的事。

（六）超前思维法

超前思维法，是指人类思维活动中面向未来进行的思维活动，是人通过大脑对事物发展的趋势或未来的大致情形进行的推断和估计，是对未来的一种瞻望。

1. 超前思维的作用

（1）超前思维可以对创造前景进行预测性的思考。（2）超前思维可以帮助我们调整现实事物的发展方向。（3）超前思维可以帮助我们制订正确的计划、目标，实施正确的决策。

2. 超前思维的培养和训练

首先，要学会从客观事实中找规律；其次，要通过想象来促进超前思维；再次，要善于运用逻辑推理的技巧。

二、信息收集法与分析法

（一）列举属性法

1. 定义

列举属性法（Attribute Listing Technique），也称特性列举法。此法强调使用者在创造的过程中观察和分析事物或问题的特性或属性，然后针对每项特性提出改良或改变的构想。通过将决策系统划分为若干个子系统，并把它们的特性一一列举出来。将这些特性加以区分，划分为概念性约束、变化规律等，并研究这些特性是否可以改变，以及改变后对决策产生的影响，研究决策问题的解决方法。

2. 具体操作方法

（1）将物品或事物分为下列三种属性：名词属性，全体、部分、材料、制法；形容词属性，性质、状态；动词属性，功能。（2）将列出的事项，按名词属性、形容词的属性及动词的属性进行整理，并考虑有没有遗漏的，如有新的要素须补充上去。（3）进行特征变换。按各个类别，利用项目中列举的性质，或者把它们改变成其他的性质，以便寻求是否有更好的有关主体的构想。（4）针对各种属性来进行考虑后，更进一步去构想。（5）提出新产品构想。依变换后的新特征与其他特征组合可得到新的产品或方案。

（二）类比创意法

1. 定义

类比创意方法，是以两个不同事物的类比作为主导的创意方法。其特点是以大量的联想为基础，以不同事物之间的相同或类似点为纽带，充分调动想象、直觉、灵感诸功能，巧妙地借助其他事物找出创意的突破口。

2. 分类

类比法按原理可分为直接类比、拟人类比、象征类比、幻想类比、因果类比、对称类比、仿生类比和综合类比八种。

（1）直接类比

直接类比，就是从自然界或者人为成果中直接寻找出与创意对象相类似的东西或事物，进行类比创意。

这种类比的例子，古今中外比比皆是。我国战国时期墨子制造的"竹鹊"、三国时期诸葛亮设计的"木牛流马"等，都是仿生学的直接类比。鲁班发明锯子，也是同带齿的草叶把人手划破和长有齿的蝗虫板牙能咬断青草获得直接类比实现的。

（2）拟人类比

拟人类比，就是使创意对象"拟人化"，也称亲身类比、自身类比或人格类比。这种类比就是创意者使自己与创意对象的某种要素认同、一致，进入"角色"，体现问题，产生共鸣，以获得创意。

工业设计，经常应用拟人类比。著名的薄壳建筑罗马体育馆的设计，就是一优秀例证。设计师将体育馆的屋顶与人脑头盖骨的结构和性能进行了类比：头盖骨由数块骨片组成，形薄、体轻，却极坚固，那么，体育馆的屋顶是否可做成头盖骨状呢？这种创意获得了巨大成功。于是薄壳建筑风行起来。

这种拟人类比还常用于科学管理中，比如把某工厂的厂办比作人脑，把各车间比为人的四肢，把广播室比作嘴巴，把仓库比作内脏等，从而按人体的正常活动管理全厂。这样就能及早发现问题，实现协调有序的管理。

（3）象征类比

象征类比，这是一种借助事物形象或象征符号，表示某种抽象概念或情感的类比。有时也称符号类比。这种类比可使抽象问题形象化、立体化，为创意问题的解决开辟途径。

唐代大画家吴道子得意之作多半得助于象征类比。如《佛香图》线条流畅、气象万千，就是他观察裴曼将军静如处子、动如脱兔、转似游龙的剑舞而画出的。唐书法家张旭从公孙大娘健美的舞姿中深受启发，提高了他的草书艺术的创意，使其草书达到了"龙飞凤舞"的境界。

凯库勒（Kekule）用"环形"表示苯分子结构；麦克斯韦（Maxwell）用数学公式表示法拉第的电磁变化理论；毕加索（Picasso）用"鸽子"象征和平。所有这些都是用形象和符号间接地反映事物的本质。

（4）幻想类比

幻想类比，这是在创意思维中用超现实的理想、梦幻或完美的事物类比创意对象的创意思维法。

（5）因果类比

因果类比，两个事物的各属性之间可能存在着同一种因果关系。因此，可根据一个事物的因果关系，推测出另一事物的因果关系。例如，在合成树脂中加入发泡剂，得到质轻、隔热和隔声性能良好的泡沫塑料，于是有人就用这种因果关系，在水泥中加入一种发泡剂，结果发明了既质轻又隔热、隔声的气泡混凝土。

（6）对称类比

对称类比，自然界和人造物中有许多事物或东西都有对称的特点。可以通过对称类比的关系进行创意，获得人工造物。

（7）仿生类比

仿生类比，人在创意、创造活动中，常将生物的某些特性运用到创意、创造上。

如仿鸟类展翅飞翔，造出了具有机翼的飞机；同样，发现了鸟类可直接腾空起飞，不需要跑道，又发明了直升机；当发现蜻蜓的翅膀能承受超过其自重好多倍的重量时，就采用仿生类比，试制出超轻的高强度材料，用于航空、航海、车辆，以及房屋建筑。

（8）综合类比

综合类比，事物属性之间的关系虽然很复杂，但可以综合它们相似的特征进行类比。例如，设计一架飞机，先做一个模型放在风洞中进行模拟飞行试验，就是综合了飞机飞行中的许多特征进行类比。

综上所述可知，在八种类比中，直接类比是基础，它是生活中常见的类比，在这一基础上，向仿生、拟人、象征化方向发展，就是仿生类比、拟人类比、象征类比；向对称、因果、综合方向发展，即是对称类比、因果类比、综合类比；向理想、幻想、完善方向发展，就是幻想类比。这八种类比各有特点和侧重，在创意、创造活动中常常相互依存、补充、渗透和转化。

（三）资料整合归纳法

资料整合归纳法或归纳推理，有时称为归纳逻辑，是论证的前提，支持结论但不确保结论的推理过程。它把特性或关系归结到基于对特殊的代表（token）的有限观察的类型；或公式表达基于对反复再现的现象的模式（pattern）的有限观察的规律。

人们在归纳时往往加入自己的想法，而这恰恰帮助了人们的记忆。通过样本信息来推断总体信息的技术。要做出正确的归纳，就要从总体中选出样本，这个样本必须足够大，而且具有代表性。

（四）SET 因素分析法

SET 因素中，S 是指社会因素（Social），E 是指经济因素（Economic），T 是指技术因素（Technological），SET 因素分析是通过分析这三个方面的因素识别出新产品开发趋势，并找到匹配的技术和购买动力，从而开发出新的产品和服务。SET 因素主要应用在产品机会识别阶段，通过对社会趋势、经济动力和先进技术三个因素进行综合分析研究。

1. 社会因素

社会因素集中于文化和社会生活中相互作用的各种因素，包括家庭结构、工作模式、健康因素、政治环境、电脑和互联网的运用、运动和娱乐，与体育相关的各种活动、电影电视等的娱乐产业、旅游环境、图书杂志、音乐等。

2. 经济因素

经济因素主要是指消费者拥有的或者希望拥有的购买能力，称为心理经济学。经济因素受整体经济形势的影响，包括国家的贷款利率调整、股市震荡、原材料消耗、实际拥有的可自由支配收入等因素。在经济因素中，开发团队在寻求机会缺口时比较关注的还有谁挣钱、谁花钱、挣钱的人愿意为谁花钱等因素。随着社会因素的改变，人们的价值观、道德观、消费观在改变，经济因素也在变化。

3. 技术因素

技术因素是指新技术、新材料、新工艺和科研成果，以及这些成果所包含的潜在能力和价值等因素。技术因素是一项创新产品开发的强大动力，世界上许多非凡的有创造力的技术如计算机技术、网络技术、基因研究成果等完全改变了人类的生活方式。

SET 因素随时可以产生出影响人们生活方式的新的产品机遇。我们的目标是通过了解这些系列因素识别新的趋势，并找到与之相匹配的技术和购买动力，从而开发出新的产品或服务。

SET 系列因素的改变带来了产品机会缺口。产品机会缺口被识别之后，其挑战是把它转化成新产品的开发或对现有产品的重大改进。这两种情况下，产品都是新美学和由新技术所带来的种种可能的功能特征的混血儿，而且与顾客喜好的转变相适应。

第三章 产品设计创新的影响因素

第一节 产品设计基本要素与设计创新

一、以人为本的观念

人是产品设计的最基本要素，也是产品设计的关键。因为任何设计都是从人的需要出发，最后到满足人的需要为止，能否满足消费者的显在和潜在的需要才是评价设计优劣的唯一标准。离开了人的要素，设计将失去生命力。犹如植物失去土壤，不但无处着力，更将逐渐走向枯萎。设计中人的要素既包括生理要素同时也包括心理要素，如人的需求、价值观、行为意识、认知行为等。

产品设计以人为核心，具体体现在设计出的产品要满足人们对其功能上的需求。人类有各种需要，这些需要促使产品发生变化，并且影响着人们的生活意识和认知行为。所以，在产品设计创新的过程中，要时刻注意人的需求，产品设计是服务于人的，以人为本就要使产品合乎人的需求。

在产品设计过程中，产品的最终用户——消费者是以人为本最重要的依据，产品是让人使用的，消费者满意才是最终的目的。即从产品诞生到消亡在全寿命过程中必然要介入其中的不同角色的"人"的因素。这是隐性的影响因素，我们却不能忽视它，人在生产过程中，贯穿始终的劳动创造着产品应有的价值，也散发着自身的光芒。无论什么产品都必须有各种不同专业领域许多人的同心协力，才能完成它的整个生命过程。

（一）生产者

生产者是生产流程中的各种角色的"人"。在生产过程中所发挥出来的效率和质量，将关系到产品的成败。站在生产者的角度去考虑设计中的具体问题，就连产品在生产过程中的储运方式也应该加以重视。

（二）营销者

产品生产出来在未进入市场进行流通之前，还不能称为商品。营销活动不仅是产品的贩卖，而是自有一套方法系统，并且已逐步发展成为专门的学问。在营销活动中，人的能动性至关重要。设计时要根据营销活动的特点考虑产品与营销者之间的匹配关系。让设计有利于营销者能动地进行发挥。

（三）使用者

产品设计是基于各种适用技术，在广泛的领域里进行创造性的活动，必须凭借科学技术的成果来进行产品制造，最终被人所使用。对于产品设计者，必须在很多方面注意到人的因素。产品的效能只有通过人的使用才能发挥，而人能否适应产品，并正确、有效地使用产品，则取决于产品本身是否与人的身心相匹配。比如摩托车或是三轮车自带遮雨的顶棚，针对残疾人设计的卫生间，或是日常生活需要的工具箱、电工需要的五金工具等，都需要有针对性。

二、对新技术的重视和运用

技术要素主要是指产品设计时必须考虑的生产技术、材料与加工工艺、表面处理手段等各种有关的技术问题，是使产品设计构想变为现实的关键因素。现代科学技术为产品设计师提供了大量的设计新产品的可能条件，产品设计也使无数的高科技成果转化为具体的功能产品，满足人们不断发展的各种需要。

随着科学技术的不断发展，各种新原理、新技术、新材料、新工艺、新结构在产品设计中得到了推广和应用。科技对产品艺术设计有着决定性影响，比如，在上映时轰动一时的 3D 电影《阿凡达》，在现代技术的支持下，制作出来的电影效果，到今天已经得到大范围的推广。

三、功能与结构的相互作用

（一）功能

功能是指产品所具有的效用，并被接受的能力，产品只有具备某种特定的功能才有可能进行生产和销售。因此，产品实质上就是功能的载体，实现功能是产品设计的最终目的，而功能的承载者是产品实体结构。在支撑产品系统的诸要素中，功能要素是首要的，因为它决定着产品以及整个系统的意义。

（二）结构

结构可以说是产品系统的内部要素，功能是产品设计的目的，而产品结构决定了功能的实现。

1. 外部结构

外部结构包括外观造型，与此相关的整体结构，是通过材料和形式来体现的。是外部形式的承担者，也是内在功能的传达者。不能把外观结构仅仅理解成表面化、形式化的因素，在某些情况下，外观结构不承担核心功能的结构，如电话机、吸尘器、电冰箱等。但是，在另一些情况下，外观结构本身就是核心功能的承担者，如容器、家具等，它们的外观就已经决定了它们的功能和用途。自行车是一个典型例子，其结构具有双重意义。

2. 核心结构

核心结构是指由某项技术原理系统形成的具有核心功能的产品结构。核心结构往往涉及复杂的技术问题，而且分属不同的模块。设计就是将其部件作为核心结构，并依据其所具有的核心功能进行外部结构设计，使产品达到一定性能，形成完整产品。核心结构是不可见的，人们只能见到输入和输出部分。如吸尘器中的电机结构和抽吸的原理就是无法看见的核心结构。

3. 系统结构

系统结构是指产品与产品之间的关系结构。系统结构是将若干个产品所构成的关系看作一个整体，将其中具有独立功能的产品看作要素。常见的结构关系有分体结构、系列结构以及网络结构。

（1）分体结构

分体结构相对于整体结构，即同一目的不同功能的产品关系分离。如电脑由主机、显示器、键盘、鼠标及外围设备组成完整系统，而笔记本电脑是以上结构关系的重新设计。

（2）系列结构

若干产品构成成套系列、组合系列、家族系列、单元系列等系列化产品，各产品之间是相互依存的关系。

（3）网络结构

网络结构由若干具有独立功能的产品相互进行有形或无形的连接，构成具有复合功能的网络系统。如电脑与电脑之间的相互联网，电脑服务器与若干终端的连接以及无线传呼系统等，信息高速公路是最为庞大的网络结构。

4. 空间结构

空间结构是指产品在空间上的构成关系，也是产品与周围环境的相互联系、相互作用的关系。相对于产品实体，空间是"虚无"的存在。对于产品而言，功能不仅在于产品的实体，也在于空间本身，实体结构不过是形成空间结构的手段。空间的结构和实体一样，也是一种结构形式。比如运用麻绳的设计，构成的一个室内空间。

四、环境要素的变化

任何产品都不是独立的，总是存在于一定的环境中，并参与组成该环境系统。

环境要素主要指设计师在进行设计时考量的周围情况和条件，产品设计成功与否不仅取决于设计师的能力、水平，还受到企业和外部环境要素的制约与影响。这些外部环境要素包括的内容众多，如政治环境、经济环境、社会环境、文化环境、科学技术环境、自然环境……这些环境要素对产品设计都有着不同程度和不同方向的影响。

产品总是存在于特定的环境中，只有与特定的环境相结合才会具有真正的生命力。同类产品的设计重点，可能因使用环境的不同而有明显区别。例如，座椅设计、家居环境用椅要温暖舒适；办公用椅要大方简洁，有利于提高工作效率；而快餐厅、公共休憩处为加快人员流速，其用椅往往有意设计成让人坐着方便而不太舒服。

未来的产品设计尤其应该重视与自然环境的协调性。设计的重点将是最大限度地节省资源，减缓环境恶化的速度，降低消耗，满足人类生活需要而不是欲望，提高人类精神生活质量。由此而产生了"生态设计"理念，既考虑满足人类需要，又注重生态环境的保护与可持续发展原则。

五、审美色彩的合理设计

产品设计是一种具有美感体验、使用功能的造型活动，所以产品设计与审美有天然的关联。产品设计之美也要遵循人类基本的审美意趣，我们耳熟能详的一些设计法则，如比例与尺度、均衡与稳定、对比与统一、节奏与韵律等，都可以运用到产品形态设计方面，以达到人们要求视觉审美的目的。当今产品设计中的审美形态，不仅继承了机械的几何时代的构成方法，也继承了新包豪斯学院推出的符号学理论，并且对其中多种风格特征加以修正共生，并引入了对地域文化、人文精神的探讨，形成了一个色彩斑斓的产品审美形态世界。

在人的五感中，以视觉为大。与视觉相关的产品形式中包含着三大要素：形、色、质（材料）。在某些情况下，色的重要性要大于形和质。当然色与形、质是不可分割的整体，甚至相互依存，但色的作用是不可取代的，因为色彩相对于形态和材质，更趋于感性化，它的象征作用和对于人们情感上的影响力，远大于形和质，这在生活中不乏案例。产品一旦进入成熟期时，技术上的竞争力就会急剧下降，而继续维系其优势存在的是形和色。比如，电视机、吸尘器、冰箱之类的家用电器，一旦在技术上趋于成熟后，便竞相在造型上和色彩上求变、求新，以增加产品的附加值和竞争力。相比之下，色的变化比形的变化代价要小得多；款式的变化是有限的（受设计、制造成本的制约），而色的变化是无限的。即便是同一种产品，通过色彩设计就可以造成完全不同的视觉效果。比如，同一款轿车不同的色彩就可以象征不同的品位。

利用色彩的原理和特性辅助产品功能。色彩同形态一样，也具有类语言功能，也能传达语意。在进行色彩设计时，往往利用人们约定俗成的传统习惯，通过色彩产生联想，或者将色彩与形态一同视为符号，利用这种色彩符号暗示功能，传达意图。在这点上，色较之形要单纯明了，在传达语意上不像形那样带有模糊性。色在表示功能时往往比较明确。

色彩的象征作用是明显的，同时也是非常微妙和复杂的。不同民族、不同地域和文化背景，对色彩的理解是不一样的。但人类的感性具有共通的一面，对色彩的直观感受也存在很多共性，这也正是色彩产生象征作用的基础。而象征作用产生于联想，不同的色彩感觉会产生不同的联想，因而，也就有不同的象征作用。

六、经济文化的发展

一个国家、一个地区经济基础的好与差，直接影响到产业的发展，影响到科学技术的进步，影响到社会价值观的提升以及人的处世态度、生活品位、生活情趣等，也必然影响到产品设计。

产品设计脱离不了文化，有文化底蕴的设计往往才是最具生命力的设计。比如北京奥运会火炬的设计，红色为主，有大量的祥云图案，金镶玉的奖牌设计，吉祥物福娃，等等，都大量使用了中国的传统文化元素，这种中国文化的底蕴穿插在奥运会全程的各个方面，最终成功举办了一场世界的体育盛会。

第二节　产品设计的方法与设计创新

一、产品设计的基本方法

（一）信息

产品设计中，信息的传递是重要环节，信息设计是人们对信息进行处理的技巧和实践，通过信息设计可以提高人们应用信息的效能，通过信息实现受众用户与设计师之间的沟通。

信息产品是指运行在智能手机、平板电脑、PC 等设备上的具有产品形态的各种智能程序和网络应用。随着互联网技术的发展，信息产品已嵌入家电、厨具、汽车等日常产品中，如互联网电视、可穿戴设备、智能汽车等，成为全行业发展的强劲动力。

为安全设计的各式转向手套、腕表或背心等都是骑行爱好者的智慧结晶。有一款为骑行爱好者设计的智能头盔体现了良好的人机交互理念和以人为本的安全性考虑。头盔外部的五彩 LED 灯配合内置加速计，可根据佩戴者的动作，如急停、转弯、减速等变换出五彩斑斓、炫彩夺目的光色，起到了良好的信息传递及警示作用，十分引人注目。

（二）互动

产品设计中，互动设计是一个新的领域。交互体验是审美以及文化、技术和人类科学的融合，人类的生活就是一个互动的生活。从出生开始，我们就和其他人以及我们所处的环境，使用我们的感官、我们的想象、我们的情感以及我们的知识直接进行互动。从用户角度来说，交互设计是一种让产品易用、有效而让人愉悦的技术，它致力于了解目标用户和他们的期望，了解用户在同产品交互时彼此的行为，了解"人"本身的心理和行为特点。同时，还包括了解各种有效的交互方式，并对它们进行增强和扩充。交互设计还涉及多个学科，以及和交互设计领域多背景人员的沟通。

有一项简单、常见的互动设计——自动感应水管，我们伸出手水管就出水，收回手水管就停水，是十分神奇的设计，也很节约，同样还有公共空间的感应灯，通过声音来控制，还有触碰感应灯，通过人的触碰调节灯的开关、明暗程度。

现在的智能工具都有重力感应技术，也是一种互动，比如使用智能手机、平板等相关的电子产品，在观看视频时，视频会随着机子的方向调节画面的方向，而在游戏 APP 中也常常会用到重力功能。

互动的设计在我们的生活中随处可见，我们可能已经习以为常了，忘记这是一种科学的互动，是人类智慧的结晶。

（三）生命

人生无常，世事难料。在现实生活中，许多意外状况常常让我们防不胜防。设计是以人为中心，为生存而设计，为保护生命而设计，例如，救援工具设计。救援工具的改进升级和发明创造，是永无止境的。

设计救助产品是对自己和他人生命的一种珍重。比如世界上最小尺寸的救生气囊，它绑在手腕上基本不会阻碍激烈的户外运动，也不会像头盔等捆绑在身上的救生设备那样存在潜在的安全隐患。

救生气筏是在救助落水者时候使用的；烫伤的急救包，可以在烫伤后快速冷敷；除此之外还有遇到重大灾难时的救援工具，比如生命探测仪。

（四）方式

消费与设计的关系，是设计与生活方式的关系。方式设计是一种创新思维指导下的设计形式，它以人的生理及心理特质为基础，通过对人的行为方式的研究和再发现，以产品的工作方式或人与产品发生关系的方式为出发点，对产品进行改良或创造全新的产品。

方式设计以发现和改进不合理的生活方式为出发点，使人与产品、人与环境更和谐，进而创造更新、更合理、更美好的生活方式。在方式设计思维中，产品只是实现人的需求的中介，其意义在于更好地服务于人的真正需求，寻找人与产品沟通的最佳方式。

方式设计使同一用途的产品有不同的实现方式，这些方式各有所长，从而给消费者提供更多的选择，为消费者创造了多元化的生活方式。比如在 20 世纪 30 年代，美国著名品牌开博（KEBO）就制造出了可单手操作的开瓶器，这款重新设计的开瓶器可以让您仅用一只手就轻松开启各类酒瓶。现在还出现了许多简易的代步工具，像平衡车。

（五）情景

情景设计将消费者的参与融入情景中，力图使消费者在商业活动过程中感受到美好的体验过程。其目的是在设计的产品或服务中融入更多人性化的东西，让用户更方便地使用，使产品或服务更加符合用户的操作习惯。设计者在揣摩消费者未来体验的同时，也要感受生产者的工作体验，换位思考，更多地为生产者着想。

德国茶商 Halssen&Lyon 的可溶性茶牌日历时刻提醒着人们要注意饮食习惯，坚持规律作息。餐具的独特设计也会吸引人们的注意，将刀、叉、勺子的顶端刻上凸起或镂空的小点象征鱼眼，末端形成鱼尾的样子，让人格外喜爱。

情景设计的核心表现就是抛弃了所有固有的风格，在一个多维的场景里去讲述一个生动的故事。场景性、情绪性和故事性三要素构成了情景设计思想独特的内涵。情景设计让人在空间里感受到的是一幅流动的画面，一幕生动的话剧故事。在生活中情景设计的产品很多，同样需要我们去认真地挖掘。

（六）印象

印象是对一个地方、一个人、一件物品等停留在脑海深处的记忆，在被人提到时就能从记忆中捕捉到。有时复古是另一种时尚的选择，复古的电视、复古的收音机、复古的游戏机和手柄、复古的汽车等，都能唤起我们遥远的记忆，勾起人们的留恋，甚至是一种情怀的寄托。

除了复古的印象，还有将各地的风景呈现在物品上面，进而勾起人们的记忆。比如制作的雕花镂空超薄书签，纯黑色的框体里框住的是镂空的简单图样的城市著名的建筑物，哪怕不标出景观的名字，人们也能看出是哪里，让人不知不觉沉浸其中。

二、产品创新设计的方法

（一）创新变异法

变异创新，即从一个已知的构造方案出发，通过改变属性得到许多新的方案；然后对这些方案中参数的优化得到多个局部最优解；再通过对这些局部解的分析，得到全局的较优解，从而实现构造创新设计。通过变异设计得到的方案越多、覆盖的范围越广泛，得到最优解的可能性就越大。

1. 形态变异

改变构件的轮廓、形状、类型和规格都可以得到不同的创新方案。剪刀和钳子是生活中最常用的工具，一般由两个构件和一个转轴组成，利用两构件的相对运动实现剪切和夹紧功能。通过改变构件的形状，便可以设计成理发用的推剪，梳剪头发的梳发剪，用于布料平铺在桌面上剪裁而设计成手柄不对称的裁缝剪刀，方便修剪树枝的月牙形修枝剪，带有棘齿的止血钳，修剪篱笆的篱笆剪，它们的构造基本原理相同，只是通过改变构件的形状就能达到各种特殊的功能。

2. 材料变异

不同的材料往往使得产品构件的尺寸、加工工艺的变化，最终影响整个产品的构成方式。因此，材料的变异可以产生不同的产品构造和产品形态。

3. 连接变异

连接变异有两层含义：一是连接方式的变化，如螺纹连接、焊接、铆接、胶接等；二是对于每一种连接方式采用不同的连接构造。通过改变连接方式可创造出不同的构造方案。

对于经常需要拆卸的产品，不但要求连接可靠，尽量减少连接构件在使用过程中的磨损，还要求拆卸方便快速。

4. 尺寸变异

尺寸变异包括长度、距离和角度等参数的变化。通过改变构件的尺寸可以显著改变产品的构造性能，比如扩大或减小饮料瓶口的直径。尺寸变异是构造设计创新最常用的变量，最适合计算机模拟。

5. 工艺变异

根据不同构造，选择不同的构件制造工艺，最终改变构件和产品的制造成本、质量和性能的设计，称为工艺变异。金属构件的加工工艺的变异，产生不同的构造。使用何种材料和制造工艺取决于产品的力学性能要求、生产批量和生产条件等因素。

(二) 创新组合法

创新一般分为两种类型：一种是发明或发现全新的技术，称为突破性创新；另一种采用已有的知识或技术进行重组，称为组合性创新。组合性创新相对于突破性创新更容易实现，是一种成功率较高的创新方法。瑞士军刀就是定型的创新组合法，将各种刀具放在一个模具中，17 个部件，32 种功能。还有现在比较流行的智能手环也是一种创新组合，集合了通信、娱乐、持续心率、运动监测、睡眠监测等多种功能。

（三）创新完满法

完满，即"充分利用"之意。创造学中的缺点列举法、缺点逆用法、希望点列举法等都源于完满原理。有一种可以将煤气罐一类的重物运上楼梯的小车，小车在上楼梯时车身运动轨迹基本保持倾斜直线，犹如在光滑斜面上运行一样，省力、推力恒定而且噪声小。这种创新构造还可广泛应用于自行车、童车、残疾人车以及货运车上。

（四）创新人机法

构造设计是为了实现产品的功能，而功能最终是为人服务的，不能因为某种构造本身的"先进性"而忽视使用者——人的因素。在人机环境系统中，人的一切活动的最优化，本质之一就是符合人机工程学的原则。人机工程学原理是构造创新设计的基点。比如入耳式的耳机，就是符合人耳的构造来设计的，有多种样式。

第三节　产品设计的材料与设计创新

材料是产品造型的物质基础。当代工业产品的先进性不仅体现在它的功能与结构方面，同时也体现在新材料的应用和工艺水平之高低上。材料本身不仅制约着产品的结构形式和尺度大小，还体现材质美的装饰效果，所以合理地、科学地选用材料是造型设计极为重要的组成环节。

一、产品设计中对材料的选择

（一）木材

1. 木材的分类

木材是传统的建筑材料和家具材料。木材中较为常见的则为原木。原木质轻、强度高，具有天然而美丽的色泽纹理，且热传导率低、电阻大，适合于制作工具和器具的把手等。原木的缺点是抗压、抗弯曲强度弱，易变形、易腐朽、易燃、易受虫蛀等。原木中较为贵重而稀罕的有紫檀、花梨木、红木、楠木、乌木、黄杨等。

此外，还有各种人造木材，如人造板。人造板是利用原木、刨花、木屑、废材以及其他植物纤维为原料，经过机械或化学处理制成的板材。人造板材能够解决天然木材资源不足与缺陷。人造板材具有幅面大，质地均匀，表面平整光滑，变形小，美观耐用，易于加工等优点，被广泛用于家具、建筑、装修等方面。人造板的构造种类很多。最常见的有胶合板、中密度纤维板、刨花板和细木工板等。

2. 木材的处理方式

木材表面处理的方式有表面基本加工处理和表面被覆处理两种类型。

（1）木材的表面基本加工处理

木材在经过基本的加工处理之后，就可以使表面变得光滑、美观。一般木材的表面基本加工处理方式有砂磨、染色、填孔、脱色等。其中，砂磨是运用木砂纸顺着木材的表面纹理方向来回研磨的工艺技术，可以有效地去除材料表面上的木刺，使木材变得平滑。砂磨主要有机械砂磨和手工砂磨两种常用手段。染色处理是为了使其获得纹理优美、颜色均匀的木质表面，并且一般木制产品都会需要染色这一处理方式。填孔是将填孔料嵌填于木材表面的裂缝、钉眼、虫眼等位置，使木材表面变得平整。脱色是运用具有氧化和还原作用的化学药剂对木材进行漂白处理，可以使木材的表面色泽获得基本的统一。经过基本加工处理后的木材，产品最终呈现的设计效果会更具视觉感染力。

（2）木材的表面被覆处理

木材的表面被覆处理是通过覆贴、涂饰、化学镀等手段对材料进行处理，可以有效地改变木材表面的物理化学性质，赋予木制材料新的表面肌理。其中覆贴工艺技术可以有效地增加木制产品的外观装饰效果，一般会用木纹纸、人造革、PVC膜、薄木等覆贴材料进行被覆处理。涂饰也被称为木材制品的涂装或者是油漆，这种方式可以使涂料的潜在功能转变为实际作用，使木制产品能够得到预期的保护、装饰效果和某些特殊的功能。化学镀主要是指木材的镀铜或镀金，这样的被覆处理不仅可以使木材具备电磁屏蔽的性能，还能有效地显示出木制产品华丽的装饰性，增加木制产品的附加值。对木制产品经过表面被覆处理之后，既增加了产品的颜色质感，又提升了木材的表面硬度，还可以通过不同的涂饰来表现不同的审美风格。

（二）塑料

塑料是高分子材料，已经广泛地渗透到人们生活的各个领域。它是由合成树脂、增塑剂、稳定剂、着色剂、固化剂、润滑剂、发泡剂、填料等成分组成的。塑料具有优良的综合性能，如质量轻、耐振动、绝缘、耐水、耐腐蚀，多数塑料透明、富有光泽，能着色，能够自由成形，加工简便，是非常理想的艺术设计材料。

塑料的成形工艺有挤塑、吹塑、注塑、压塑等，其装饰技法可用喷花、贴花、印花、电镀等方法。塑料产品现代感强，现代生活用品有不少是塑料产品，而且有一部分强度、刚性都达到标准的工程塑料在汽车、飞机、轮船制造工业和机电工业上获得广泛的应用。

塑料材质的表面装饰处理主要有涂饰、贴膜、热烫印、丝网印刷等方式。

第一，涂饰。涂饰处理是把涂料涂覆到产品或是物体的表面上，这样的处理方式可以使塑料表面着色，并且获得不同的肌理样式，具有耐蚀性，同时可以防止塑料的老化。例如排球、篮球、足球等就是运用涂饰处理的产品。

第二，贴膜法。贴膜法常用于装饰产品外观或者是传达产品信息。它是将印有花纹和图案的塑料薄膜紧贴在模具上，在加工塑料产品时，依靠原料的热量将薄膜融合在产品上的方法。

第三，热烫印法。热烫印法可以美化产品外观，传达产品信息。它是利用压力和热量将压膜上的黏结剂熔化，同时将已经镀到压膜上的金属膜转印到塑料件上的方法。

第四，丝网印刷。塑料的丝网印刷处理方式，可以有效地改善塑料制品的外观装饰效果。它是塑料制品的二次加工中一种常用方式，又称为丝印处理方式。

（三）金属材料

金属材料分黑色金属材料（钢和铸铁）和有色金属材料（除铁以外的其他金属及合金）两大类。金属按其密度可分为：重金属，即密度大于 5 的金属材料；轻金属，即密度小于 5 的金属材料。此外，工业上一般把熔点低于 700℃的金属或合金称易熔金属或易熔合金。

金属的分子结构决定着金属的刚性和延展性，主要有钢、铁、铜、金、银、铝、钨、稀有金属等，是制造工业产品、家用电器、工具等的良好材料。金属材料具有较高的热传导系数，导电性能好，呈不透明状态，有一定重量，易于成形，而且可以磨光、抛光并且具有较高的光泽。下面简要介绍几种主要的金属材料加工工艺。

1. 塑性成形加工

塑性成形加工方法主要有锻造、轧制、挤压、冲击挤压等方法。其中，锻造指在冷加工或者高温作业的条件下用锤打和挤压的方式给金属造型，是最简单最古老的金属造型工艺之一。轧制指高温金属坯段经过若干连续的圆柱形辊子，辊子将金属轧入形模以获得预设的造型。挤压指一种成本低廉的用于连续加工的，具有相同横截面形状的，实心或者空心金属造型的工艺。既可以高温作业也可以进行冷加工。冲击挤压指用于加工没有锥度要求的小型到中型规格零件的工艺。生产快捷，可以加上各种壁厚的零件。

2. 浇铸（铸铁）

浇铸的主要方法有砂模铸造、熔模铸造（失蜡法铸造）、注铸法、压铸法、旋铸法、定向固化法等。

砂模铸造加工方法成本低、批量小，可以加工复杂造型，但需要大量后处理工序。熔模铸造（失蜡法铸造），这种加工方法具有很高的连续性和精确度，也可以用于加工复杂造型。它在相对低廉的加工成本前提下能够实现非常完美的表面效果，适合大批量生产。注铸法，主要用于加工高精度的复杂造型。由于工艺本身的特点，产品成形无须后处理。然而，只有在大批量生产的情况下才能显出成本低的优势。压铸法，加工成本高，只有在大批量生产的情况下成本才合理。但最终产品成本相对较低而且精度较高。可以用于生产壁厚较薄的零件。旋铸法是加工小型零件的理想方法，通常用于首饰制造。可以使用橡皮模型以降低加工成本。定向固化法，可生产具有优良抗疲劳性能的非常坚固的超耐热合金元件。合金性能稳定，部件之间性能表现均衡。将熔化的超耐热合金浇注到模型里，然后经过严格控制的加温及冷却工序，以消除任何细小的瑕疵。

3. 固体成形加工

固体成形加工的方法主要有施压、弯曲、连续轧制成形、冲压成形、薄片切割、车床加工等。

旋压是一种十分常见的用于生产圆形对称部件的加工方法，加工时，将高速旋转的金属板推进同样高速旋转的、固定在车床上的模型，以获得预设造型。弯曲是一种用于加工任何形式的片状、杆状以及管状的经济型生产工艺。连续轧制成形是将金属片喂入压辊之间，以获得长度连续、横截面一致的金属造型。与挤压工艺类似，但对加工元件的壁厚有限制，只能得到单一壁厚。冲压成形（拉伸）是将金属片置于阴模与阳模之间冲压，汽车外壳的制造往往都采用此方法。薄片切割有冲孔、冲切、剪切之分，冲孔是利用特殊工具在金属片上冲剪出一定造型的孔，大、小批量生产均适用，也可用数控冲床加工。冲切与冲孔工艺基本类似，不同之处在于前者利用冲下部分，而后者利用冲切之后金属片剩余部分。剪切是用剪床切割金属片，广泛运用于生活用品、文具等领域。加工成形分为切屑成形、无切屑成形。切屑成形指当对金属进行切割的时候有切屑产生的切割方式统称为切屑成形，包括铣磨、钻孔、车床加工以及磨、锯等工艺。无切屑成形是指利用现有的金属条或者金属片等进行造型，没有切屑产生。这类工艺包括化学加工、酸蚀、放电加工、喷砂加工、激光切割、喷水切割以及热切割等。

（四）陶瓷

陶瓷是经过高温烧结而具有一定强度的固体材料。由于科学技术的发展，现代陶瓷产品的原料已不再局限于黏土、长石、石英等硅酸盐原料，而扩大到非硅酸盐、非氧化物等高纯度原料和人工合成的原料。因而，现代凡是"经高温热处理工艺合成的无机非金属固体材料"都可以称为陶瓷。

陶瓷一般分为普通陶瓷（传统陶瓷）和特种陶瓷两大类。普通陶瓷又包括日用陶瓷、建筑陶瓷、化工陶瓷、多孔陶瓷等；特种陶瓷有高强度陶瓷、高温陶瓷、耐酸陶瓷、耐磨陶瓷、光学陶瓷、磁性陶瓷、生物陶瓷等。陶瓷材料的优点是耐高温、抗氧化、耐腐蚀；缺点是脆性易碎，高温烧制时易变形等。因此，设计师在设计过程中要充分考虑，主要注意以下几点。

第一，要考虑陶瓷材料的性能。无论是日用陶瓷、工业陶瓷或特种陶瓷制品，在造型设计时都需要首先了解不同陶瓷材料本身的特性和成形性能、陶瓷材料的变形、脆性和收缩情况、烧成温度等加工工艺要求，是否符合使用的功能和艺术效果。

第二，要考虑陶瓷造型材料的材质。陶瓷材料分陶和瓷两大类；按应用分为瓷器、陶器、精陶、紫砂和贴器等多种不同的材料。瓷器造型精致、秀丽、典雅；陶器造型自然、粗朴、敦厚；精陶质地疏松，具有一定的韧性；紫砂质地坚硬；贴器釉面光洁等。各类陶瓷制品通过形体塑造，色彩、质地和细部处理，以及相应的工艺制作，都显示出各自不能替代的工艺要求和材质特点，使造型充分体现材料本身的质地美感。

第三，要考虑陶瓷材料的成形工艺要求。陶瓷原料的选择、坯料配方的制定，釉的种类与制釉原料的选择，坯料的制备、成形，坯体的干燥、烧成，以及陶瓷装饰等都要按制作工艺程序进行，这是准确体现设计意图的关键。任何一步出现差错都会影响到造型的功能和艺术效果。

另外，要注意不同坯体成形方法中对坯料的要求以及模具的精确制作。

第四，要考虑陶瓷的装饰。陶瓷装饰的方法主要有雕塑、色釉、色坯及化妆土、釉上彩绘、釉下彩绘、结晶釉、贵金属装饰与砂金釉等。其他还有光泽彩、裂纹釉、无光釉、流釉和照相装潢等。这些都对提高制品的外观质量有着重要的作用。

（五）玻璃

玻璃是一种透明而坚硬的固体物质，它是熔融物冷却凝固所得到的非晶态无机材料，主要成分是二氧化硅。玻璃的隔热性能和耐蚀性能也较好，且具有一定的光学常数以及光谱特性等一系列重要光学性质。

玻璃制品的表面状态对于玻璃的性能有很大的影响，利用玻璃表面处理技术对玻璃的性能进行改善，可以有效地提高产品的附加价值，常用的玻璃表面处理工艺有以下几点。

1. 表面被覆

玻璃的表面被覆处理中最直接的方式就是玻璃画，这样的效果比完全透明的玻璃更具装饰性。例外，玻璃还可以运用各种物理、化学的镀膜方法来制造出不同特点的玻璃制品，例如镀银、镀铝、镀硅的镜面玻璃、热反射膜镀膜玻璃、低辐射镀膜玻璃等。

2. 化学处理

玻璃制品通过酸腐蚀会形成一种磨砂效果，进一步的酸性腐蚀还可以形成蚀刻花纹，成功地实现特殊的表面效果形式。

3. 机械加工

玻璃表面的机械加工主要可以运用研磨、抛光、切割、钻孔、沙雕、刻花等手段，来改变玻璃制品的表面物理性能和结构功能，满足不同的需求。

（六）复合材料

复合材料有合金、钢筋混凝土、镀锌钢板、复塑钢板等，它是金属材料、非金属材料、高分子材料三种材料中两者或三者的"复合"。金属材料一般具有较大的硬度，但不耐强酸强碱的腐蚀；非金属材料脆弱，没有金属材料坚硬；高分子材料虽然耐磨，不腐不蚀，但不耐高温。

金属陶瓷，就是由陶瓷粉和金属碎末混合后经过高温烧成。它既有金属的高强度、高韧性，又有陶瓷的耐高温特点。用金属钴制成的金属陶瓷，能耐极高的温度。玻璃钢是以玻璃纤维为增强剂、以塑料为基体材料复合而成，它具有质量轻、强度高、耐腐蚀性、隔音效果好等优点。

（七）染织材料

染织材料包括织物材料和染色材料。

织物材料有毛、丝、棉、麻、人造纤维等，主要用于人们日常生活中服饰和纤维织物设计中。其中天然蚕丝可织成 10 多种织物，如纺、绸、缎、绉、锦、罗、纱、绢、绫、绡、呢、绒、绨等。这些丝织物的共同特点是光泽好，手感好，透气性能好，穿着舒适、高雅、华丽。除天然织物材料外，还有种类繁多的人造材料，即化学纤维。

染色材料在我国古代有有机植物染料和无机矿物颜料。有机植物染料有靛蓝、茜红等，就是从蓝草和茜草中提取的；无机矿物颜料有朱砂、石绿、土红等。到明清时期，我国的染色材料多达几百种。我国古代染料为天然颜料，到近代化学工业的出现，各种人造颜料就出现铬绿、铬黄、钛白、立德粉、炭黑、铜粉、铝粉、氧化铁红、群青等。

（八）漆

生漆的内在结构决定着它的液体性质和覆盖性。漆的主要成分是漆酸，漆中的含氮物质能使漆液干燥。漆的种类很多，常用的就有 10 多种。如油脂漆类（清油、厚漆、油性调和漆、防锈漆）、天然树脂漆类（清漆、磁漆、虫胶漆、大漆）、醇酸树脂漆类、氨基树脂漆类、硝基漆类、过氯乙烯漆类、丙烯酸树脂漆类、环氧树脂漆类、聚氨酯漆类等。

（九）编织材料

编织材料主要有竹、草、柳、藤、麻、棕、化学纤维、塑料等。其中，竹材轻便，富有韧性，又易于加工，适于编织，可以做成各种生活用品以及大件的家具。如竹篮、笔筒、竹凳、果盒、凉席、斗笠、屏风、扇子、灯罩、竹桌等。竹子品种有紫金竹、淡竹、斑竹、毛竹、慈竹、黄苦竹等。编织材料有草、柳条、蜡条、桑条、槐条、荆条、藤条等。编织材料可就地取材，价廉物美。草编工艺主要用麦秸草、琅琊草、山箭草、三棱草、茅草、玉米皮、水草、马兰草、龙须草等，编制草篮、草帽、地毯、门帘、茶垫、坐垫、网袋等生活用品。这些制品造型别致，编织精美，色泽自然，清新爽洁，受到消费者的普遍欢迎。

二、产品设计中对新材料的运用

（一）纳米材料

纳米材料是指在三维空间中至少有一维处于纳米尺度范围（1～100nm）或由它们作为基本单元构成的材料，在这个范围内物质的性质会发生改变，而拥有一种新的、特殊的性能。

从 20 世纪 60 年代人们开始关注、研究纳米材料以来，已经先后研发了纳米磁性材料、纳米陶瓷、纳米半导体、纳米催化材料等，对于产品设计应用也越来越广泛。例如使用表层覆有微小硅丝的聚酯纤维能够制造出即使浸泡在水中仍可保持绝对干燥的布料。这种布料可以用来制造衣服、家具等。

（二）变色材料

变色材料是指在外界条件作用下可以发生颜色变化的材料，按照所受的刺激方式不同可分为光致变色材料、电致变色材料、压致变色材料、溶剂致变色材料和热致变色材料等。其应用十分广泛，如光致变色纺织品、光致变色涂料、光致变色镀膜玻璃或夹层玻璃等。军事领域上有光信息存储材料、光致变色伪装材料、强闪光防护、宇宙线防护、辐射计量计等。

光致变是光诱导的可逆的颜色改变。例如太阳镜就是由光致变色材料制成的产品。这种材料在日光或者其他光源照射下，会很快由无色或浅色变成红色、绿色、蓝色、紫色等各种颜色，停止光照或加热又恢复到原来的无色状态，是可逆的变色过程。

此外，目前国际上出现了一类新型功能材料，即有机光致变色材料。该材料不仅已在高科技领域得到应用，而且在民用行业也有运用。例如服装业、塑料制品业、装饰材料业、信息产业、旅游用品、油漆、油墨、印染业、军事隐蔽材料业等。

（三）智能材料

智能材料是一种可以感知外部刺激、判断并可以适当处理且本身可执行的新型功能材料。智能材料有七大功能，即传感功能、反馈功能、信息识别与积累功能、响应功能、自诊断能力、自修复能力和自适应能力。因此，它属于现代高科技新材料发展的重要方向之一。

在产品设计方面，智能材料主要表现为四个方面：情趣的智能、处理的智能、适应的智能、交流的智能。例如我们熟悉的变色太阳镜中就含有智能材料，这种材料可以感知周围的光线强弱，并对光线进行自动调节。

此外，智能材料还有一个重要进展标志就是形状记忆合金，或称记忆合金。这种合金在一定温度下成形后，能记住自己的形状。当温度降到一定值（相变温度）以下时，它的形状会发生变化；当温度再升高到相变温度以上时，它又会自动恢复原来的形状。目前一些国家用记忆合金制成卫星用自展天线。

（四）轻金属材料

1. 镁合金

镁合金是一种绿色、最轻质的金属材料，镁在自然界地壳中分布也比较广，它占据地壳质量的 2.1%，大多都以化合物的形式存在。镁及镁合金应用十分广泛，它是继钢铁、铝之后的第三大金属工程材料。镁及镁合金具有以下几个特点。

第一，比强度高。镁具有一定承载能力，镁合金的比强度次于钛合金，同时它的比强度明显高于铝合金，并且远远高于工程塑料。

第二，重量轻。镁的密度只有铝的 2/3、钛的 2/5、钢的 1/4，镁合金要比铝合金轻 36%、比钢轻 77%。正因如此，镁被广泛地应用于航空航天、汽车制造等产品设计领域。

第三，能够抗电磁干扰。镁合金电子器件壳体不做表面处理就能获得很好的屏蔽效果。根据研究表明，镁合金做手机外壳可以吸收 90% 的辐射，因而，镁及其合金是制造电子器件壳体的理想材料。在电子及家用电器产品上具有广阔的应用前景。

第四，弹性模量小。当镁合金受到外力作用时，应力分布将更为均匀，可以有效地避免过高的应力集中。在弹性范围内承受冲击载荷时，所吸收的能量比铝高 50% 左右，并且它的刚性好，抗震力强，长期使用不易变形，尺寸稳定。因此，镁合金适宜制造承受猛烈冲击的零部件及对材料尺寸稳定性要求较高的零部件，例如飞行器。

除此之外，镁及镁合金还具有减震性能强、加工性能好、导热性能好等优点。

2. 铝锂合金

铝锂合金有"飞行金属"之称，是一种具有低密度、高弹性模量、高比强度、高比刚度等优良性能的新型铝合金材料。这种材料还具有极优良的耐蚀性能，是一种理想的航空、航天结构材料，但是这种材料还有塑性及韧性较低、缺口敏感性较大、断裂韧度值较低的缺点。

3. 快速凝固新型铝合金

快速凝固的新型铝合金是指在快速凝固条件下，材料的组织特征发生许多变化，由于快速凝固合金微观组织的改善使合金的强韧性、耐磨、耐腐蚀等得到显著提高，从而更好地满足了实际生产需要。

目前，随着快速凝固技术的不断发展与完善，国内外已成功利用该技术制备出耐热铝合金、耐磨铝硅合金、高强度铝合金及低密度铝锂合金等系列典型的高性能铝合金材料。其中耐磨铝硅合金具有优异耐磨性，低热膨胀系数及优良铸造和焊接性能，属于国内外应用非常广泛的内燃机活塞合金。

由于采用快速凝固技术可明显提高铝合金的比强度、弹性模量、热稳定性、抗腐蚀性及断裂韧性，因此，快速凝固铝合金在航空航天及机械工程领域中的应用受到人们的高度重视并且不断发展、扩大。

（五）电磁屏蔽材料

1. 填充复合型屏蔽材料

填充复合型屏蔽材料是采用导电填料与塑料等成形材料填充复合而成的。导电填料一般选用导电性能优良的纤维状、网状、树枝状或片状材料，这类材料常用的有碳纤维、镀金属纤维、金属纤维、超细炭黑、云母片、金属片、金属合金粉等。

例如碳纤维，它是由与钻石同等材质的碳制成，属于一种比铝和铁还要硬的新型材料。碳纤维是钢的重量的四分之一，强度比钢高 10 倍。因此，它具有优越的抗张强度和抗拉模量，同时它在化学组成上非常稳定，具有高抗腐蚀性，碳纤维还包括高强度的 X 射线穿透性和较高的抗化学、抗热、抗低温能力。

目前，碳纤维已被运用于很多产品设计领域，例如高尔夫球棒、渔竿、飞机元件等。又如应用于医疗设备、压力容器、土木工程、建筑材料、能源以及其他新的工业领域。例如碳纤维在电力车工业的设计中需求量也在不断增长，碳纤维增强塑料制成的车身，重量轻，刚性好，经久耐磨。

2. 铁磁材料与金属良导体材料

铁磁材料和金属良导体材料都是常用的屏蔽材料。铁磁材料适用于低频（100kHz 以下）磁场的屏蔽，它的作用原理是利用铁磁材料高的磁导率引导磁力线通过高穿透材料并在附近空间降低磁通密度而达到磁屏蔽的目的，常用的铁磁材料有纯铁、硅钢、坡莫合金（铁镍合金）等。

3. 导电涂料与屏蔽材料

导电涂料主要有掺和型导电涂料，它一般会通过各种合成树脂为成膜剂，以具有良好导电性能的金属微粉或非金属微粒为导电填料，经混合分散后，制成可施工的涂料，喷涂或刷涂于产品表面，在一定条件下固化成膜。

屏蔽材料有发泡金属屏蔽材料、纳米屏蔽材料。其中，发泡金属屏蔽材料其原理是电磁波在空洞中发生多次反射和吸收损耗，从而达到屏蔽的目的。它是由金属骨架和连通的空洞组成的多孔材料，主要使用的发泡金属有金属镍、镍铜和铝等。而纳米屏蔽材料，借助纳米材料特殊的表面效应和体积效应，与其他材料复合也可望获得新型的屏蔽材料。

4. 表面敷层薄膜屏蔽材料

表面敷层薄膜屏蔽材料是一种通过反射损耗为主的屏蔽材料，常用的制备方法包括化学镀金、真空喷镀、溅射、金属熔射以及贴金属箔等。表面敷层薄膜屏蔽材料是使塑料等绝缘体表面附着一层导电层来达到屏蔽的目的。这类表层导电薄膜屏蔽材料普遍具有导电性能好、屏蔽效果明显等优点，其缺点是表层导电薄膜附着力不高，容易产生剥离，且二次加工性能较差。

（六）超导材料

超导材料是一种具有超导电性的材料。它是某些材料在冷却到一定温度后，电流通过时这些材料会出现零电阻，失去电阻的现象，同时材料内部失去磁通成为完全抗磁性的物质。一般超导材料在电阻消失前的状态称为常导状态，电阻消失后的状态称为超导状态。

超导技术的应用遍及能源、运输、基础科学、资源、信息和医疗等科学技术的广泛领域。例如高温超导体在磁悬浮列车、磁分离技术、高能加速器、磁性扫雷技术和磁流体推动技术等方面有重要的应用价值。

（七）电子纸材料

电子纸又称数码纸、类纸显示器，它的内部装有芯片线路的显示屏，类似一种 IC（集成电路）芯的结构。电子纸完全打破了原有植物纤维纸的结构，又具有与传统纸张相似特点。它是具有与纸张一样轻薄又可擦写的电子显示屏，具有双稳态特点，图像保持时并不须耗电，能大大节省能源。

电子纸采用的基本材料主要是聚酯类化合物，纸面上印有硅胶电路，以便能够控制好表面电荷的变化。电子纸具有多层性、细微化和精密性等特征，所采用的材料除了多种塑料外，也有特种玻璃材料、金属材料等。

（八）可降解的高分子材料

可降解的高分子材料是一种新型的绿色高分子材料，它是一种可降解的聚合物材料，可以改善生态环境。

可降解塑料是指一类其制品的各项性能可满足使用要求，在保存和使用期内性能不变，但在使用期后，却能在自然环境条件下降解成对环境无害物质的塑料。可用于包装业购物袋、垃圾袋、堆肥袋、肥料袋、一次性餐盒、方便面碗、化妆品容器、瓶类、标签、包装薄膜等材料中。例如常见可降解性一次饭盒。

三、材料的不同特性分析

从材料的功能来讲，一般机械工程材料要具有足够的机械强度、刚度、冲击韧性等机械性能。而电气工程材料，除了机械性能外，还须具备导电性、传热性、绝缘性、磁性等特性。但从造型角度来讲，对造型材料要求除了上述材料的物理、机械性能要符合产品功能要求外，还要具备下列特性。

（一）感觉物性

感觉物性是通过人的器官感觉到材料的性能。如冷暖感、重量感、柔软感、光泽纹理、色彩等。

目前所使用的材料品种繁多，一般分为两大类：天然材料（木材、竹子、石块等）和人工材料（钢材、塑料等），它们分别都有自身的质感和外观特征，给人的感受也不同。

1. 木材

会给人一种自然的原有色彩，有雅致、自然、轻松、舒适、温暖的感觉。

2. 钢铁

是深色，且坚固的，给人深沉、坚硬、沉重、冰冷的感觉。

3. 塑料

是彩色的、多样的，根据不同的工艺会产生不同的造型，也是我们生活中常用的一种材料，一般情况下它给人细腻、致密、光滑、优雅的感觉。

4. 金银

在古代是通用的货币，同时也可以打造成各种配饰，它们给人光亮、辉煌、华贵的感觉。

5. 呢绒

作为一种布料，厚实又柔软，适合制作冬天的衣服，给人温暖、亲近之感。

6. 铝材

是现代以来常用的材料，看起来白亮、轻快、明丽。

7. 有机玻璃

同样是现代以来常用的材料，制作工艺简单，在生活中也是常见的一种材料，明澈透亮，视野开阔。

以上这些特性，有的是材料本身固有的；有的是人心理上感应的；有的是人们生活习惯、印象所造成的；有的是人触觉到的，等等。造型设计对材质的选用是根据不同的产品特性和功用，相应地选用满意的造型材料，运用美学的法则科学地把它们组织在一起，使其各自的美感得以表现和深化，以求得外观造型的形、色、质的完美统一。

（二）环境耐受性

指现代造型材料不因外界因素的影响而褪色、粉化、腐朽乃至破坏。

外界因素多种多样，有室外和室内，水和大气，寒带和热带，高空和地上，白天和黑夜等。如室外使用的塑料制品，就不能选用易于老化的 ABS 树脂塑料，而应选用耐受性优良的聚碳酸酯塑料材料。

（三）加工成形性

产品的成形是通过多种加工而成的，材料的加工成形性是衡量一种选型材料优劣的重要标志之一。

木材是一种优良的造型材料，主要是其加工成形性好。而钢铁之所以是现代工业生产中最重要的造型材料，同样也是因为其具有加工成形性好的特性。钢铁的加工成形方法较多，如铸造、锻压、焊接和各种切削加工，如钻、铣、刨、磨等。

目前，现代化大生产中，成形性能好的造型材料除钢铁外，还有塑料、玻璃、陶瓷等。

（四）表面工艺性

产品加工成形后，通常对基材进行表面处理，其目的是改变表面特征，提高装饰效果；保护产品基材，延长其使用寿命等。

表面处理的方法很多，常用的有：涂料、电镀、化学镀、钢的发蓝氧化、磷化处理、铝及铝合金的化学氧化和阳极氧化、金属着色等。

根据产品的使用功能和使用环境，正确地选用表面处理工艺和面饰材料是提高产品外观质量的重要因素。

四、材料的使用与产品外观

前面谈到，造型材料对产品外观质量有着极为重要的意义。例如，工程塑料产品日益剧增，很重要的原因之一是塑料的加工成形性能好。它几乎可以铸塑成任何形状复杂的形体，为造型者构思产品的艺术形象提供了有利的条件。

目前一般电视机、电脑等的外壳都采用工程塑料，既可使其外壳线形圆滑流畅，又能给内壁提供支撑点，生产率高，成本也低，外观造型效果也好。

由于塑料有铸塑性能好的特点，可变性大，并可电镀和染色，可获得各种鲜艳的色彩和美观的纹理。所以照相机、录像机等的外壳，大都用塑料制作，其表面一般为黑色或灰色，给人以高贵、含蓄、典雅、亲切的感觉。

在产品的造型设计中，由于采用新材料，使产品造型新颖、别致，从而提高了产品的外观质量，并占有市场。因此，造型设计者应及时掌握和熟悉各种新材料的特性，并根据具体条件大胆地用于产品，这一点尤为重要。比如现在的手机大量使用防碎的钢化屏和钢化膜，按照各种品牌的手机型号，生产手机相应的手机贴膜。

第四章　产品创新设计工程与表达

第一节　产品设计中的人机工程

人机工程是研究人、机器以及工作环境之间相互影响、相互协调的科学，涉及人的生理、心理以及工程学、力学、解剖学和美学等各方面的因素。它在工业设计中的应用，直接关系到产品设计的成功与失败，并最终关系到人机对话的协调性和高效性，影响整个社会的生产效率。正确地运用人机工程学的理论和方法为我们的设计做指导，必定会大大地提高产品的设计质量和成功率，为企业的发展提供有力的保障，这在当今以人为本作为生活理念的社会显得异常重要。

人机工程学研究的是人与机器相互关系的合理方案，亦即对人的知觉显示、操纵控制、人机系统的设计及其布置和作业系统的组合等进行有效的研究，其目的在于获得最高的效率和作业时感到安全和舒适。

国际人类工效学协会（International Ergonomics Association，IEA）认为人机工程学是研究人在某种工作环境中的解剖学、生理学和心理学等方面的各种因素；研究人和机器及环境的相互作用；研究在工作中、家庭生活中和休假时怎样统一考虑工作效率，人的健康、安全和舒适等问题的学科。

一、人机工程学的研究方法

人机工程的研究方法十分广泛，随着科学技术的发展，其研究方法和手段也不断地得到发展和更新，但基本上还是保持了原有的传统方法和手段。常用的研究方法有以下几种：

（一）观察法

该方法长期以来一直是非常实用的传统方法，成本低廉，不需要什么昂贵的设备、仪器，所以在实际的研究当中被广泛采用。传统的方法是用肉眼观察，现在也借助一定的辅助工具来实现，如照相机、摄像机等影像记录设备，这些投资也不大，因而使用也比较普遍。现在，国外许多设计公司和组织开始比较重视用户的行为研究，这就需要一定的记录工具来帮助人们。观察为后期的设计提供足够的证据和资料。如在设计冰箱时，用摄像机记录下不同的人们开冰箱时的习惯动作，以此来研究人们的行为方式，并为产品设计提供证据。

（二）调查法

采用市场调查的方法收集数据是最常见、也是最普遍的一种方法，这样得到的数据非常有说服力，也比较正确。许多问题都需要用这种方法来解决。调查法一般采用访谈、问卷的形式，现在随着网络的普及，大量的调查也可通过网络来进行。无论是访谈还是问卷调查，都要编制问卷。编制问卷要注意：语言、文字清楚易懂，避免歧义，不要使用专业性强的词语，避免暗示性用语，不能或尽量少涉及个人隐私的问题（在网络调查中，该项可以放宽一点儿）等。

（三）实测法

实测法，顾名思义就是对研究的对象进行实际测量的一种方法。前面讲的人体的各种生理参数就是在抽样测量后得出的统计数字。

（四）实验法

实验法是进行研究的一种重要方法，它在很大程度上能验证人们在理论上的一些推测或猜想。如飞利浦公司在研究人们的行为方式时，列出两种设计风格完全不同的录音机让人们评测，人们都认为设计新颖的一款比较漂亮，而最后研究人员将这两款录音机作为礼物送给他们，并让他们选择其一时，他们却都不约而同地选择了设计比较保守的一款。像这种实际结果跟最初的推测相去甚远的实验，可以非常有力地验证人们的一些直觉。这种以实验来对人们的行为和心理进行研究的方法，可以十分有效、准确地指导企业行为，降低企业的投资风险。

（五）模拟实验法

在进行人机研究的过程中，常会遇到一些比较复杂或者非常昂贵的机器系统，或者非常危险的情况（如汽车碰撞实验）。在这种情况下，常会采用模拟实验的方法，如驾驶系统、安全保护系统的研究等。某些企业还建立了气候模拟实验室，以研究不同国家和地区的不同气候条件对人和产品的各种影响。另外，在研究太空的一些环境条件的时候，也需要建立相应的模拟实验室，因为研究人员直接去太空非常昂贵也很不方便。

（六）计算机模拟

随着计算机技术的发展和广泛应用，现代人机工程学的研究也越来越多地采用了计算机技术。这种方法不仅成本低、周期短，而且容易控制。许多复杂的、比较昂贵的系统或人不易到达的、危险的系统，都可以很方便地运用计算机进行模拟研究。

（七）分析法

分析法是对所拥有的数据资料进行研究，寻找规律的一种方法。分析法的重要前提是要拥有足够多的、正确的数据资料。这些数据资料的采集可以运用以上几种方法来获得，也可以采用其他相应的方法获得，如参考现有的研究成果、数据资料等。

二、产品设计中的人机一体化系统总体结构

在人机一体化机器产品设计定义下的人机系统在三个层面上实现一体化，即感知层面、控制层面（对输入系统的信息判断、识别推理、决策和创造）和执行层面，三个层面的有机结合，就构成了人机一体化机器系统的总体结构。

（一）感知层面上的人机界面设计

人的视觉、听觉、嗅觉、运动觉、触觉等感知系统和机器的感知系统对输入系统的指令信息、环境信息联合进行多维综合信息感知。例如，输入制造系统的信息主要是：毛坯、加工指令、工艺文件、工装、零件数量、作业计划及外部环境温度、照明、运输、制品暂存等信息。人机感知的联合作用体现在以下内容：

制造系统可精确地输入系统信息、环境信息、人及机器本身的定量信息（如毛坯几何尺寸、加工工序要求、切削速度、环境温度、压力、振动、人的心电信号、脑电信号等），并可通过拓宽感知范围感知人类不能感知的信息（如微波、红外线、超声波等）；而人类则利用自身的创造性思维与模糊综合判断决策能力的优势，对机器感知和决策出来的信息

做一次综合感知，正确识别、判断机器系统运行所需的正确输入信息和反馈信息。因此，通过人机界面的优化设计（如显示器、传感器等的人机工程设计）感知多维综合信息，充分利用机器视野广阔、定量感知精确，人对复杂现象模糊定性感知和创造性思维、预测能力强的特点，提高人机系统信息感知的全面性、可靠性、多维性、准确性，为系统智能定量控制提供支持，从而提高整个系统的可控性，改善系统的综合性能。

（二）控制层面的人机界面设计

在人机系统中，人主要从事形象思维、灵感思维等创造性思维，人的中枢神经系统通过对人、机、环境所感知信息的综合处理、判断和决策，向运动系统下达执行指令或向机器智能决策系统提供必要信息；机器的智能决策系统根据机器对人、机、环境感知的综合信息进行复杂数据的快速计算和严密的逻辑推理，向人提供必要信息，并在特殊情况下自动做出必要决策，驱动控制系统或执行系统执行必要的操作任务。如自动化制造系统能根据加工任务信息进行制造过程动态仿真，并将加工仿真结果显示给人，由人判断该加工方法是否达到加工要求，若能达到，则可按此方法运行直至达到要求为止。这一过程就充分体现了人机联合控制系统工作的执行效果。

控制层面的人机界面设计可体现三种控制策略：第一种为"机主人辅"控制策略，人在信息综合分析、定性问题处理、模糊控制以及灵巧动作的执行等方面有远远高于机器的能力。所以，机器系统在处理较复杂的加工活动时，特别是由机器处理非结构化、非线性、模糊性及随机性强的事件时，往往都要得到人的帮助。另外，在有些情况下，让机器完成复杂控制活动须付出巨大代价，这时。"机主人辅"的控制策略就起着减少这种代价的作用。第二种为"人主机辅"控制策略，即由机器的智能决策系统来辅助人进行控制，机器完成人类感知范围以外的信息处理，大规模数据定量处理及严密的快速逻辑推理等工作，如工艺决策支持系统将辅助人完成被加工零件的工艺方案设计。第三种为"人机耦合"控制策略，在人机联合控制的系统中，这样或那样的原因，人或机器可能会出现失误，人机耦合控制，可在人或机器出现失误时，系统自动切换到另一种控制方式，两者有机地配合，从而保证系统的稳定性和可靠性。

（三）执行层面的人机界面设计

人在人机系统中主要从事灵巧性、协调性、创造性强的操作活动（如发出指令、操纵控制台、编写程序、机器系统监控、维修以及意外事故的应急处理等），而机器则主要完成功率大、定位精度高、动作频率高或一些超出人能力范围的操作活动。但是，人在系统中应该始终处于主导地位，应当充分发挥人在系统中的主导作用。因此，机器操纵装置的设计必须符合人的操纵特性，达到使用舒适、安全和方便的目的。

三、人机系统设计方法与步骤

产品的人机一体化设计是为了解决产品开发中人和机器作业效能、匹配关系、系统安全性、作业人员劳动保护等问题。人机一体化设计并非单一机器设备的人机关系设计，而是适合于所有产品的一种通用设计方法。一般来说，狭义的人机一体化设计是指对机器系统物理设备本身人机界面进行的分析和设计。而广义的人机一体化设计理论和方法，除进行狭义人机一体化设计外，还强调人、机器、环境和社会因素构成的大系统的总体协调与配合，包括人机作业方式，作业人员的选择与培训、系统维护、作业辅助、作业动机、人员关系、心理负荷平衡等一系列人机系统的匹配和"支持系统"的设计。

人机一体化设计属于多学科联合设计，因此，只有采用系统工程的方法才能综合各学科的知识，实现设计的优化。人机一体化设计方法在解决新产品开发设计时，多运用系统化的设计策略，并制订与其他技术设计相匹配的进度方案，从总体方案设计开始就充分考虑人的因素，追求人与机器的完美结合。新产品开发的人机一体化设计步骤体现在如下几方面：

（一）定义新产品系统目标和作业要求

产品人机一体化设计的最初阶段是定义新系统的目标和作业要求。定义系统目标就是用规范性术语描述机器系统或设备；作业要求是说明为了实现系统目标，机器系统必须干什么。从内容上讲，产品系统作业要求的定义应包括三个方面的内容：一是产品做什么？二是评价标准是什么？三是如何进行度量？

从人机工程学的角度看，产品概念设计阶段就要开始考虑人的因素，应从以下几方面进行考虑：一是产品未来的使用者；二是目前同类产品的使用和操作方法；三是使用者的作业需求；四是确保产品目标实现时，人对产品的要求和产品对人的要求。

由于人是具有较大个性特征差异的生物体，因此，在定义作业要求时，要从人的生理、心理、技能素质、社会性等各个方面的特征进行数据收集和抽样调查，应对相当大的样本数据进行统计，才能获得正确的设计数据和依据。

定义新产品系统目标和作业要求的结果是得到一个或多个系统设计方案要求，供后续的系统定义选择与优化。

（二）系统定义

系统定义阶段是"实质性"设计工作的开始。系统目标和作业要求的定义已经为系统定义提供了概念基础。系统定义的第一步，就是设计者与决策层人员一起做出一些重要的决策，其中最主要的决策工作是选择"目标方案"。这种目标方案的选择将从更大范围和更高层次上优化决策，最终筛选、综合出满足系统目标的最佳方案。其次是定义系统的输入、功能和输出。这里"功能"是用文字描述的一组工作，系统必须完成自己的功能任务，才能实现系统的目标。在系统定义阶段，应避免功能分配只定义功能是什么，不定义怎样实现这些功能，尤其不能将功能马上"分配"给人或机器，以免过早增加人或机器的设计约束。

（三）概念设计

进入概念设计阶段，系统的各个硬件、各个专业的设计活动都全面展开，这时应始终注意人机一体化要求与各个硬件、软件设计与设计决策的协调一致性，保证系统设计的全过程都有人机工程专业设计人员的参与，都应考虑到人的影响因素。

人机一体化产品的概念设计是指围绕产品系统设计所进行的功能分配、作业要求研究和作业分析。

1. 功能分配

功能分配是指把已定义的系统功能按照一定的分配原则，"分配"给人、机器或软件，设计者根据已经掌握的资料和人机特性制订分配原则。有的系统功能分配是直接的、自然的，也有的系统功能分配需要更详细的研究才能制订出分配方案。对于分配给机器和软件的功能，在其他的人机工程学书籍中有专门的论述，此处不再赘述。而对于可能由人实现的系统功能，必须认真研究分析。第一，人是否有"能力"实现该功能，这是针对人力资源特征而判断的；第二，预测人是否乐意长时间从事这一功能，这是因为人也许具备完成某种功能的技能和知识，但缺乏做好该功能的作业动机，也不能保证系统功能的正常完成。

人机功能分配的过程是先根据系统的使用对象和工作范围定义系统的基本功能，并按主要功能和子功能两个层次进行分解，然后根据人和机器的功能特征进行分配，并使分配给人和机器的功能关系协调。

2. 作业要求研究

每一项分配给人的功能都对人的作业提出作业品质的要求，例如精度、速度、技能、培训时间、满意度，设计者必须弄清与作业要求相关的人体特征，作为后续人机界面设计、作业辅助设计的依据。

3. 作业分析

作业分析是按照作业对人的能力、技能、知识和态度的要求，对分配给人的功能做进一步的分解和研究。作业分析包括两方面内容：第一是子功能的分解与再分解，因此一项功能可能分解为若干层次的子功能群；第二是每一层次的子功能的输入和输出的确定，即引起人的功能活动的刺激输入和人的功能活动的输出反应，是刺激—反应过程的确定。作业分析的功能分解到可以定义出"作业单元"的水平为止。能够作为特定使用者最易懂易做的那个功能分解水平，就是作业单元。因此，作业分析的概念就是指将分配给人的系统功能分解为使用者或操作者的输入和输出，它是一个有始有终的行为过程。

（四）人机界面设计

完成人机系统概念设计后，就确定了系统的总体功能结构，从而可以转入人机界面设计阶段。人机界面设计主要是指作业空间、信息显示、控制操作、运行维护以及它们之间联系的设计。应使人机界面的设计符合人机信息交流的规律和特征，人机界面设计主要体现在四个方面：第一，机器总体布置与人的作业空间设计；第二，信息流处理中的人机界面设计；第三，物料流处理中的人机界面设计；第四，系统运行维护中的人机界面设计。人机界面设计是人机一体化产品总体设计各阶段中较为"硬化"的设计活动，通过对系统中人机界面硬软件的设计来保证人机界面的协调性。因此，人机界面设计是与其他专业设计相互配合来完成的。

（五）作业辅助设计

为了获得高效能的作业效果，必须设计各种作业辅助技术和手段。作业辅助设计的内容主要包括三个方面：一是适合机器系统特定要求的人员选择；二是系统操作人员的技能培训；三是其他辅助作业设计。

许多高度自动化产品的出现和应用，使得机器系统的操作者与系统的关系发生了根本的变化，即由传统的直接操作机器变为通过计算机等信息设备来控制整个系统的运行。这样操作人员就大为减少，而要求有更多的技术专家和工程师来管理和维护系统。由此可见，自动化机器系统的出现和大量采用，对人的知识基础和技能提出了更高的要求。因而，应根据自动化机器系统特定的功能分配，按照科学的标准来选择合适的作业人员，并进行操作技能培训，使操作者能胜任某项特定的作业任务。

（六）系统检验

新产品设计的人机关系设计方案，最后通过生产制造转变为产品实体。其中系统的每一个实体环节（硬件、软件、人）都要经过个体检验，然后整个系统再做整体检验。因此，设计和审核，制造和检验都是不可分割的过程。系统检验是要验证系统是否达到系统定义和设计的各种目标。人机系统的验证在产品系统开发的各个时期均应进行，如人机界面设计、作业辅助设计等都可在系统的物化设计中得到验证。

人机系统的验证是以人的作业效能，以及人通过计算机或其他控制系统实现产品的作业效能为主要验证标准，人机系统必须保证人的作业符合整个系统的作业要求。

第二节 产品设计中的价值工程

价值工程是 20 世纪 40 年代由美国通用电气公司设计工程师劳伦斯·戴罗斯·麦尔斯（Lawrence D. Miles）首创的，他从功能的角度来研究和解决材料的代用问题。此后，麦尔斯在产品设计和降低成本的研究工作中，把解决采购材料问题的思路用于改进型产品设计，彻底理解用户所要求的产品功能，进一步把设计新产品的问题转换为用最低成本向用户提供所需功能的问题。由此总结形成了一套较为系统的、以最小成本耗费提供产品必要功能、获得最高价值的科学方法。20 世纪 70 年代初，美国把价值工程与系统分析、计算机在管理中的应用、管理数学、网络技术和行为科学等并列为现代六大管理技术。目前世界各国都已广泛采用价值工程技术，所产生的经济效益是十分显著的。

一、价值工程的基本特证

价值工程的实质是把技术和经济、功能和成本、企业利益和用户要求结合起来进行定量分析，它以提高实用价值为目的，以分析必要功能为核心，以降低成本为途径。价值工程体现出如下特征：

（一）着重于提高产品的价值

价值工程不仅致力于降低成本，而且着眼于提高产品的价值，使功能满足用户需求。它不同于成本管理和质量管理。成本管理一般只着重于成本的降低，而且降低成本的措施也往往侧重于增加产量或减少生产过程中的各种消耗，并不是从产品功能上考虑问题。但实际上，产品成本在很大程度上取决于产品的功能。因此，只有合理确定产品的功能，才能大幅度地降低产品成本。质量管理虽致力于产品性能的提高，却又不侧重于解决成本降低问题。而价值工程则兼顾功能、成本两个方面，致力于产品价值的提高。

（二）侧重于产品开发阶段的分析工作

在产品开发、生产、使用的全过程中，价值工程侧重在产品的开发阶段，而质量管理和成本管理则侧重在产品的生产阶段。实践证明，在新产品的设计阶段，是否采用价值工程分析方法对产品的质量和成本影响最大。

（三）把功能分析作为自己独特的研究方法

价值工程以功能分析为核心，它有一套发现问题、分析问题和解决问题的方法。它不直接研究产品的实物本身，而是抽象地研究用户所要求的功能。这一独特研究方法把功能、成本、用户有机地联系起来，可以在设计上取得较大的突破。例如，从手表的基本功能是显示时间出发进行功能设计，才会出现电子表。它同样可以达到显示时间的目的，但成本却降低了很多，因而大大提高了产品的价值。

二、价值工程的一般程序

（一）对象选择

随着价值工程理论的不断完善和发展，它的应用也变得越来越广泛，不仅被大量应用于第一、第二产业，而且还有向第三产业（服务行业）发展的趋势，无论是"硬件"还是"软件"，都可以在一定程度上应用价值工程的原理和思想来进行分析和改进。

在产品设计过程中，价值工程的对象主要是生产工艺，产品材料、结构、外观，标准化、模块化以及管理等方面。从理论上讲，任何产品的这几方面都可以作为价值工程展开的对象，但在实际的操作中，有些方面限于企业的能力、资金以及其他相关的因素等，并不能全都进行，因此，只能从中选择一个或几个对象来进行。具体选择哪几个，这要根据企业的实际情况及其经营目标来做出决定，否则如果只是盲目地、机械地决定价值工程的对象，而不考虑实际情况和企业的承受能力便做出决定，那么只可能会降低价值工程的成功率，甚至会给企业的生产和经营带来困难。

产品价值工程的对象选择，一般可按操作性的难易程度从以下顺序来考虑：

材质—标准化与模块化—结构—形状—工艺—管理

其中各个环节的顺序是可以变动的，并非一成不变的，它只是一个比较通用的考虑过程，具体的要根据不同的产品和企业目标来进行决策。

（二）信息收集

要顺利地开展价值工程，没有足量的正确信息是不行的，对象的选择、功能的分析以及方案创新和评价等都离不开信息资料的支持，没有足够的信息和资料就缺少说服力，开展价值工程就成为一句空话。信息的收集并不是漫无边际地进行，而是要有针对性、有目的性地去搜集、整理并加以分析，以得出富有建设性的结论。

一般所要收集的信息包含以下内容：

1. 对象信息包括现有产品的功能、材料、结构、生产工艺等相关内容。

2. 技术信息对产品改进相关的主要技术信息以及最新的技术动态和科研成果等，包括新材料、新结构方式以及新工艺等。技术信息相对来说应该是信息收集的主要内容。

3. 企业状况

正确地了解企业的经营、生产状况，企业经营理念、方针、战略以及设计和生产能力等。掌握了这些情况，才能用来对价值工程工作进行指导，这也是顺利进行价值工程的有力保障。

4. 其他相关信息

包括国际环境和局势，国家有关该行业方面的政策、法律、法规以及会影响企业决策和经营的一切相关信息等。

(三) 功能价值分析

消费者购买产品的目的不是产品本身，而是产品所具有的功能，无论是使用功能还是其他相关的辅助功能，产品只是这些功能的物质载体。不同的产品和部件，所具有的功能也是各不相同的，数量也是多少不一，但无论多少功能，它都有主要功能和次要功能之分。例如，手表的主要功能是显示时间，其外观的装饰性、日期提示等均为次要功能；电视机的主要功能是播放电视信号，而增加的 VCD 功能则是它的辅助功能；洗衣机的主要功能是洗衣服，而甩干、杀菌等都是它的次要功能，虽然这些功能在很多情况下都是必要的。产品的主要功能和次要功能并非一成不变的，在一定的条件下，它们是可以互相转换的，也就是说主要功能会变成次要功能，而原来的次要功能则成为新条件下的主要功能。再以手表为例，在很长的时期内，毫无疑问它的主要功能是显示时间，但是随着时间的推移，现在它在许多人的身上却变成了一种装饰品，是某种身份、品位和时尚的象征，在这里，它的欣赏功能超过了它的使用功能，其显示时间的功能显得一点都不重要，而其造型与外在的品质则上升为第一位。

确定了产品的主要功能和次要功能，就可以对其进行定性分析了，每一项功能在产品中是不是都是必需的，以及它能给产品带来的价值等，这都是价值工程展开过程中需要首先弄清楚的。

另外，对产品功能进行分析时，还必须明确用户的需求本质是什么。任何产品都是根据用户对功能的需求来设计的，所以，通过价值工程手段对产品的功能实质进一步地分析、确认，有利于用更低的成本来实现其原有功能。

三、价值工程的技术方法

价值工程的每一项程序都对应着一种具体的技术方法，即对象选择方法、功能评价方法、方案创造方法、方案评价和选优方法。

(一) 对象选择方法

1. ABC 分析法

ABC 分析法也称成本比例分析法，它是价值工程对象选择的常用方法之一。通过众多产品的成本分析可以发现，占总数 10% 左右的零件，其成本往往占整个产品成本的 60%～70%，把这类零件定义为 A 类；占总数 20% 左右的零件，其成本也占总成本的 20% 左右，把这类零件定义为 B 类；占总数 70% 左右的零件，其成本占总成本的 10%～20%，把这类零件定义为 C 类。利用这种分类方法，可以实现对零件成本的分类控制。

在利用 ABC 分析法进行对象选择时，首先将零件按其成本大小进行排队，优先选择成本大的少数零件作为价值分析的对象。ABC 分析法的优点是能抓住重点，把数量少而成本大的零部件选为价值分析对象，有利于集中精力，重点突破，最大限度地降低产品成本。

2. 百分比法

这是一种按某项费用或某种资源，在不同产品和作业或某一产品或作业的不同组成部分中所占的比例大小来选择对象的方法。

然后，与各产品的产值比例进行比较，如发现 A、B 两种产品材料消耗比例超过产值比例，就确定 A、B 两产品为成本分析的对象，设法降低 A、B 两产品的材料消耗和成本。

（二）功能评价法

功能评价法的特点是以功能的必要（最低）费用来计量功能，其步骤如下：

一是确定一个产品（或部件）全部零件的现实成本。二是零件成本核算成功能成本。在实际产品中，常常会有下列情况，即一个功能要由几个零件来共同完成，或者一个零件要完成几个功能。因此，零件成本并不等于功能成本，要把零件成本换算成功能成本。换算的方法是：一个零件有一个功能，则零件成本就是功能成本；一个零件有两个或两个以上功能，就把零件成本按功能的重要程度分摊给各个功能；上位功能的成本是下位功能的成本之和。三是确定功能的必要成本（或目标成本）。确定的方法是：从实现每个功能的初步改进方案中找出最低的成本方案（要对改进方案的成本进行估算），以此方案的成本为功能的必要成本；或从企业内外已有的相同或相似零件的成本中找出最低成本，以此来确定功能的必要成本。四是计算各功能的价值。计算公式仍采用 $V=F/C$，但这里的 V 以价值系数表示，F 是以实现这一功能的必要成本来计算，C 表示实现这一功能的现实成本。

通过这样的计算，就知道了每一功能现实价值的大小，计算出的功能价值（价值系数）一般都小于 1，即现实成本高于必要成本。现实成本和必要成本之差（C-F）就是改善的幅度，也称期望值。按价值系数从小到大的顺序排队，确定价值工程对象、重点、顺序和目标。

（三）方案创造法

哥顿法：这是美国人哥顿提出的方法。其指导思想是：把要研究的问题适当抽象，以利于开阔思路。会议主持者并不把要解决的问题全部摊开，只把问题抽象地介绍给大家，要求参加者海阔天空地提出各种设想。例如，要研究一种新型割稻机，则只提出如何把东西割断和分开，大家围绕这一问题提方案。会议主持者要善于引导，步步深入，等到适当时机，再把问题讲明，以做进一步研究。

（四）方案评价和选择的方法

1. 优缺点列举法

它是从质量、性能、成本等各个方面详细列举出各方案的优缺点，根据方案的优缺点对比结果选择最优方案。这种方法灵活简便，也便于全面地考虑问题，但评价比较粗糙，缺乏定量依据。

2. 定量评价法

该方法又分两类：第一类是直接打分法，这种方法是根据各种方案能够达到各项功能要求的程度，按10分制进行打分，然后算出每个方案达到功能要求的总分。比较各方案的总分，初步分出不用、保留、采纳的方案。然后再算出保留、采纳方案的成本，进行成本比较，决定最优方案。第二类是加权打分法，这种方法的特点是把成本、功能各种因素，根据要求的不同予以加权计算，然后算出综合分数再加以选择。

第三节　产品设计的二维表达

作为设计师的特殊语言，平面二维表达是指在一定的设计思维和方法的指导下，在平面的介质（如纸张、计算机软件界面等）上通过特殊的工具（如铅笔、马克笔、色粉、水粉等）将抽象的概念视觉化。它既需要直观地表现产品的外观、色彩、材料质感，还要表现出产品的功能、结构和使用方式。在产品创新设计过程中，由于有太多的不确定因素，需要经过多次论证、修改，这种特殊性要求产品的表现有别于纯绘画艺术或其他表现形式。平面表达的功能除了是快速表达构想、传达真实效果的无声语言外，还是推敲方案、延伸构想、进行良好沟通的手段。

一、手绘效果图设计

手绘效果图是一项程式化很强的工作，它对绘制者的美术基本功要求较高，而且对绘制工具、场地、环境也有较高的要求。要绘制一幅效果逼真、充满艺术性的产品效果图，要通过大量的练习才能达到，这也是手绘效果图在当今有被人忽略趋势的原因。但是，对于具有良好的艺术基础的设计师来说，快速的手绘效果图表现能产生意想不到的效果。手绘效果图在应用工具上不仅有艺术家使用的各种纸、笔、颜料等，也有工程师使用的各种精密绘图工具；在表现上既要体现艺术性同时还应具有工程性、严谨性及规范性。

在传统的手绘表现技法中，根据使用的绘画材料性质的不同，一般可以把手绘表现形式分为湿性画法和干性画法两类。

（一）湿性画法

湿性画法就是利用水彩、水粉、透明水色等水溶性颜料在纸面未干的状态下进行作画的表现方法。湿性画法由于使用的是传统的常见颜料和工具，且价格便宜，很长时间内都占据着主流地位。随着绘制材料、工具的不断更新和市场对于设计环节时间的缩减以及水性画法本身存在的对于绘画基本功、纸张、工具、作画条件、绘制程序等方面的严格要求，湿性画法近年来已经有被干性画法取代的趋势。常用的湿性画法表现技法有：

1. 水彩表现技法

水彩画以水为媒介调和颜料在特定的水彩画纸上作画，水彩画色彩轻快、透明、水分丰润，给人以洒脱、淡雅、舒畅的审美感受。

水彩画有三个要素：水分、时间、颜色。

2. 水粉表现技法

与水彩表现相比，水粉表现的历史短，但是由于水粉画色彩鲜明强烈，可覆盖性强，表现产品的真实感强，而且对纸张、环境等的要求也比水彩的要求低，所以水粉表现技法在实际的学习和使用中占有较重要的地位。

3. 钢笔淡彩表现技法

钢笔淡彩表现技法就是用钢笔勾勒出设计产品的结构、造型的轮廓线，然后再施以淡彩，表现出物体的光与色的关系，从而获得生动活泼的单色立体和多色立体的画面效果。钢笔淡彩表现技法简单易学，画面效果简洁明快，对工具和材料要求不高，因此，被广泛地应用于生活日用品、家用电器、家具、室内设计、服装设计等领域。

4. 喷绘表现技法

喷绘表现技法的基本原理是利用高压气流将颜料雾化后，喷洒到纸面上。这种技法可以得到色彩均匀、过度柔和、形象逼真、精确细致的效果。但是喷绘表现技法工艺操作比较麻烦，还需要刻制各种模板，不像其他画种易于操作，现在很少应用于效果图的表现中。

5. 透明水色表现技法

透明水色又称照相色，是一种研磨得很细的化学颜料。它的特点是色泽鲜艳，纯度极高，用水调和后绘制表现效果明快、清新。但由于透明水色不具备覆盖性，如果大面积作画后很难修改，加上对绘画功底要求较高，现在使用得也很少。

（二）干性画法

干性画法就是利用铅笔、钢笔、色粉、马克笔等干性材料在不使用或尽量少使用水的情况下作画。随着市场经济的不断发展，产品设计开发的周期越来越短，传统的湿性画法表现已暴露出明显的不足，而干性画法因其使用方便，画面简洁明快，制作迅速等优点成为适应现代设计开发过程的良好表现手段。

一般来说，干性画法包括以下几种：

1. 铅笔表现技法

铅笔作为绘画的基本工具使用起来方便、快捷，易于掌握，而且还可以对绘制作品随时改动，很受设计师青睐。

彩色铅笔根据笔芯性质分为两类：一类是蜡质，质地比较软，不溶于水，表现力一般，但价格便宜；另一类是粉质，通常由高吸附性的材料制成，溶水性好，也称为水溶性彩铅。市面上较常见的水溶性彩铅有德国的 Staedtler（施德楼）、Fabercastell（辉柏嘉）等品牌。水溶性铅笔着色时可以蘸水使用，能够表现出细腻的渐变效果，多用来刻画产品细节。

彩色铅笔的画法基本步骤是在单线稿完成后，用彩色水溶性铅笔画出产品的固有色和形体的体面转折、空间层次等素描关系。这种表现方法与素描一样，需要模拟一个主光源，画出明暗关系。着色由浅入深、分层次进行。特点是干净利落，结构清晰，色彩变化柔和、细腻。但是它的性质也决定了它不适宜用于绘制大幅的产品效果图。

2. 钢笔表现技法

钢笔表现技法是使用钢笔或圆珠笔进行设计表现的一种方法，主要利用钢笔或圆珠笔的线条疏密，排列轻重，结合点、揉、擦、刮的技法来绘制的效果图。

钢笔表现技法利用线条的粗细、疏密、交叉和点的大小、排列的疏密来表现物体的形体结构、空间透视、明暗层次及质感。这种表现技法具有表现产品形象细腻、丰富，对工具、场地要求简单等特点。但它对绘制者的绘画和运笔基本功要求较高，短期不易掌握。

3. 色粉表现技法

色粉表现技法是从汽车设计行业开始后应用于各种设计表现中。色粉的主要特点是可以绘制出大面积光滑的过渡面和柔和的反光，绘制各种双曲面等复杂形体，同时善于刻画玻璃、高反光等材质。

色粉常表现为长方形用色粉粉末压成的小棒，颜色从几十色到几百色不等，一般分为纯色系、冷灰和暖灰色系。色粉的品牌较多，国内品牌的色粉偏硬，颗粒不够细腻，色彩纯度也不高，一般多用于学生练习中。商业制作效果图一般使用国外品牌，如日本樱花牌，它的特点就是颗粒细腻，颜色纯度高且溶于水，适合深入刻画。

色粉在使用中应配合使用辅助粉（婴儿爽身粉）进行绘制，绘制过程中利用低黏度薄膜对绘制好的部分区域进行遮挡保护，绘制结束后用色粉定画喷剂使浮在表面的色粉粉末很好地附着在纸面上。

4. 马克笔表现技法

马克笔又称为麦克笔或记号笔，由于它携带、使用方便，色彩鲜艳、亮丽，使用的颜色挥发快、易干，且所画色彩均匀，不变色，因此也被广泛地应用于各种设计领域。

马克笔根据性质的不同，常分为以下几种：

（1）水性

没有浸透性，遇水速溶。性质如水彩，不宜反复涂抹，颜色叠加易产生灰浊效果。在作画时笔触比较明显，效果不如后面两种，但是价格便宜，较适合用于平时训练。

（2）油性

通常以甲苯为溶剂，具有渗透性，挥发较快，可适用于任何表面。由于它不亲水，所以可以和水性马克笔混合使用而不破坏它的笔触。

（3）酒精性

具有挥发性且具有强烈的气味，颜色艳丽，透明度高，笔触过渡平滑、柔和，浸透性介于上面两者之间。

马克笔的颜色主要分为灰色系和彩色系两大类，每一个品牌都有 200 多种，在选购时可以根据色度的深浅，在灰色系和彩色系中挑选 10 种左右即可。

利用马克笔可以表现出多种效果，如色彩的退晕效果、平涂、多种色相的渐变等，它适合于快速勾画大面积明亮、单一的色块，但对于细节刻画和色彩变化却难实现效果。具体使用时可以根据需要结合使用彩色铅笔、水粉等工具进行完善。

对于各种传统的表现技法，每种都有明显的使用特点和优点，但同时也都存在一些不足。在具体的使用过程中，可以根据具体的需要进行综合表现，如马克笔常和色粉结合快速表现产品效果，彩色铅笔和马克笔的结合，各种表现技法的自由组合。通过各种手段的综合使用，使画面达到预想的效果。

二、计算机辅助设计

随着计算机性能的发展以及软件功能的不断开发，设计领域出现了全新的工作模式——计算机辅助设计。计算机辅助设计具有精密准确，处理速度快，质感逼真等一系列特点，同时它不仅可以制作静态的图像，也可以制作动态的三维影像。根据各种计算机辅助设计表现使用的软件和最终表达效果的不同，可以把工业设计二维表现技法分为两类：利用二维矢量、位图软件制作，利用三维建模软件制作。

（一）二维表现软件

常用的二维表现软件包括矢量软件：CorelDraw、Illustrator 等，利用这些软件在二维空间内利用透视、光影、色彩、环境的处理等表现设计师头脑中虚拟三维空间内的立体形态。在这些二维表现软件中，主要是利用软件进行外轮廓的矢量绘制，然后通过颜色填充进行各区域的色彩变化填充，通过模拟表现物体在真实状态下形体上的明暗、色彩、阴影、透视等变化来达到真实表现的效果。

常用的位图绘制软件 PhotoShop 不仅作为二维平面内位图效果的表现软件，同时还可以对三维建模软件得到的图形进行二维平面内的各种修改，使其效果更接近于真实和更富艺术性。该软件与矢量软件相比，在绘制过程中对于色彩的处理和使用功能更强大，也能表现出更为真实、细腻的效果。

对于二维表现软件，在设计表现之初，设计者就应该在头脑中有表现产品在一定状态下的清楚状态，包括色彩变化、明暗变化、透视变化等，二维软件最终只是将设计者头脑中的形象通过现代表现技术实现出来，它对设计师的造型能力和想象能力具有较高的要求。

二维软件和位图软件两者在表现产品效果时各有特色。矢量软件表现效果优于图形矢量性特点可以进行无限放大而不影响显示效果，因此在制作一些需要大幅面打印输出或显示效果时会考虑选择矢量图，但是它的表现效果一般不如位图表现细腻、丰富，对于细节的刻画不够饱满。两者各有优缺点，在具体使用时可以根据使用要求、环境和个人对软件的掌握、理解程度进行选择使用或综合使用。

（二）三维表现软件

三维表现软件主要是利用三维建模技术在模拟空间内实现表现物体形态的再现，同时通过设置工具对其进行色彩、材质、环境的赋予，以达到接近真实的效果。与二维表现软件不同的是三维表现软件明暗、色彩、材质等的变化可以通过软件工具进行选择调节，在表现时表现者可以根据具体要求进行选择，而不需要设计者根据自己脑海中的理解、经验进行模仿表现。

常用的三维表现软件有：Rhino3D、3ds Max、Pro/E、catia 等。这些软件都具有强大的建模功能，基本可以实现表达形体的效果。但是在实际应用中，三维表现软件更多时候是和数控加工或快速成形相联系，所以在表现时也会根据实际的表现要求对各种软件进行选择。

第四节　产品设计的三维表达

在产品创新设计过程中，无论是传统的手绘效果图，还是计算机绘制的二维效果图都与真实的产品事物之间存在很大的差别。一个在纸上看上去合理的设计形态，可能在做成立体实物后发现与原来的设计构思大不相同。出现这一问题的原因在于人们从平面到立体之间的直觉转换存在误差。

三维表达就是运用材料、结构、加工工艺等某种对立统一的关系，确立实体表现的方法，它弥补了二维平面上理解会出现的误差。在产品创新设计过程中通常指模型、产品样机制作等。三维表现运用了三维形态真实地反映三维空间中物体的尺度、比例、细节、材料、技术、表面处理等因素的合理性，比平面表达更加准确和深入，因此也为进一步的评估和设计提供了更多的信息和技术依据。

产品模型是产品设计过程中的一种表现形式，制作模型的目的是将设计师的设计构思与意图以形体、色彩尺度、材质等具体化的标准进行整合，塑造出具有三维立体空间的形体，从而以三维形体的实物来表达设计构思，并未与工程技术人员进行交流、研讨、评估以及进一步调整、修改和完善设计方案，为检验设计方案的合理性提供有效的实物参照。也为制作产品样机和产品投产提供充分的、行之有效的实物依据。

一、快速成形

快速成形技术 RP（Raipd Prototyping）是近年来制造技术领域的一次重大突破，其对制造业的影响可与数控技术的出现相媲美。RP 系统综合了机械工程、CAD、数控技术、激光技术及材料科学技术，可以自动、直接、快速、精确地将设计思想转化为具有一定功能的原型或直接制造零件，从而可以对产品设计进行快速评价、修改及功能试验，有效地缩短了产品的研发周期。而以 RP 系统为基础发展起来并已成熟的快速磨具工装制造技术、快速精铸技术、快速金属粉末烧结技术，则可实现零件的快速成形。

RP 是由 CAD 模型直接驱动的快速制造任意复杂形状三维物理实体的技术总称，其基本过程是：首先设计出所需零件的计算机三维模型（数字模型、CAD 模型），然后根据工艺要求，按照一定的规律将该模型离散为一系列有序的单元，通常在 Z 向将其按一定厚度进行离散（习惯称为分层），把原来的三维 CAD 模型变成一系列的层片；再根据每个层片的轮廓信息，输入 IJUT 参数，自动生成数控代码：最后由成形系统成形一系列层片并自动将它们连接起来，得到一个三维物理实体。

RP 技术结合了众多当代高新技术：计算机辅助设计、数控技术、激光技术、材料技术等，并将随着技术的更新而不断发展。自 1986 年出现至今，短短十几年，世界上已有 20 多种不同的成形方法和工艺，而且新方法和工艺不断地出现。目前已出现的 RP 技术的主要工艺有以下几种：

（一）SL 工艺：光固化/立体光刻

SL 工艺，美国 3D Systems 公司推出商品化样机 SLA-1，这是世界上第一台快速原形系统。SLA 系列成形机占据 RP 设备市场的较大份额。SL 工艺是基于液态光敏树脂的光聚合原理工作的。这种液态材料在一定波长（325 或 355nm）和强度（w = 10 ~ 400mw）的紫外光的照射下能迅速发生光聚合反应，分子量急剧增大，材料也就从液态转变成固态。液槽中盛满液态光固化树脂，激光束在偏转镜作用下，能在液态表面上扫描，扫描的轨迹及激光的有无均由计算机控制，光点扫描到的地方，液体就固化。成形开始时，工作平台在液面下一个确定的深度，液面始终处于激光的焦平面，聚焦后的光斑在液面上按计算机的指令逐点扫描，即逐点固化。当一层扫描完成后，未被照射的地方仍是液态树脂。然后升降台带动平台下降一层高度，已成形的层面上又布满一层树脂，刮平器将黏度较大的树脂液面刮平，然后再进行下一层的扫描，新固化的一层牢固地粘在前一层上，如此重复直到整个零件制造完毕，得到一个三维实体模型。

SL 方法是目前 RP 技术领域中研究得最多的方法，也是技术上最为成熟的方法。一般层厚在 0.1 ~ 0.15mm，成形的零件精度较高。多年的研究改进了截面扫描方式和树脂成形性能，使该工艺的加工精度能达到 0.1mm，现在最高精度已能达到 0.05mm。但这种方法也有自身的局限性，比如需要支撑，树脂收缩导致精度下降，光固化树脂有一定的毒性等。

（二）FDM 工艺：熔融沉积成形

熔融挤出成形（FDM）工艺的材料一般是热塑性材料，如蜡、ABS、PC、尼龙等，以丝状供料。材料在喷头内被加热熔化。喷头沿零件截面轮廓和填充轨迹运动，同时将熔化的材料挤出，材料迅速固化，并与周围的材料黏结。每一个层片都是在上一层上堆积而成，上一层对当前层起到定位和支撑的作用。

随着高度的增加，层片轮廓的面积和形状都会发生变化，当形状发生较大的变化时，上层轮廓就不能给当前层提供充分的定位和支撑作用，这就需要设计一些辅助结构——"支撑"，对后续层提供定位和支撑，以保证成形过程的顺利实现。这种工艺不用激光，使用、维护简单，成本较低。用蜡成形的零件原型，可以直接用于失蜡铸造。用 ABS 制造的原型因具有较高强度而在产品设计、测试与评估等方面得到广泛应用。近年来又开发出

PC，PC/ABS，PPSF 等更高强度的成形材料，使得该工艺有可能直接制造功能性零件。由于这种工艺具有一些显著优点，该工艺发展极为迅速，目前 FDM 系统在全球已安装快速成形系统中的份额大约为 30%。

（三）SLS 工艺：选择性激光烧结

SLS 工艺又称为选择性激光烧结，SLS 工艺是利用粉末状材料成形的。将材料粉末铺撒在已成形零件的上表面，并刮平；用高强度的 CO_2 激光器在刚铺的新层上扫描出零件截面；材料粉末在高强度的激光照射下被烧结在一起，得到零件的截面，并与下面已成形的部分黏结；当一层截面烧结完后，铺上新的一层材料粉末，选择地烧结下层截面。

SLS 工艺最大的优点在于选材较为广泛，如尼龙、蜡、ABS、树脂裹覆砂（覆膜砂）、聚碳酸酯（polycarbonate）、金属和陶瓷粉末等都可以作为烧结对象。粉床上未被烧结部分成为烧结部分的支撑结构，因而无须考虑支撑系统（硬件和软件）。SLS 工艺与铸造工艺的关系极为密切，如烧结的陶瓷型可作为铸造之型壳、型芯，蜡型可做蜡模，热塑性材料烧结的模型可做消失模。

（四）LOM 工艺：分层实体制造

LOM 工艺称为分层实体制造，LOM 工艺采用薄片材料，如纸、塑料薄膜等。片材表面事先涂覆上一层热熔胶。加工时，热压碾热压片材，使之与下面已成形的工件黏结；用 CO_2 激光器在刚黏结的新层上切割出零件截面轮廓和工件外框，并在截面轮廓与外框之间多余的区域内切割出上下对齐的网格：激光切割完成后，工作台带动已成形的工件下降，与带状片材（料带）分离；供料机构转动收料轴和供料轴，带动料带移动，使新层移到加工区域；工作台上升到加工平面；热压辐热压，工件的层数增加一层，高度增加一个料厚：再在新层上切割截面轮廓。如此反复直至零件的所有截面黏结、切割完，得到分层制造的实体零件。

LOM 工艺只须在片材上切割出零件截面的轮廓，而不用扫描整个截面。因此成形厚壁零件的速度较快，易于制造大型零件。零件的精度较高（<0.15mm）。工件外框与截面轮廓之间的多余材料在加工中起到了支撑作用，所有 LOM 工艺无须加支撑。

（五）3DP 工艺：三维印刷

三维印刷（3DP）工艺是美国麻省理工学院伊曼纽尔·萨克斯（Emanual Sachs）等人

研制的。萨克斯申请了 3DP（Three-Dimensional Printing）专利，该专利是非成形材料微滴喷射成形范畴的核心专利之一。3DP 工艺与 SLS 工艺类似，采用粉末材料成形，如陶瓷粉末、金属粉末。所不同的是材料粉末不是通过烧结连接起来的，而是通过喷头用黏结剂（如硅胶）将零件的截面"印刷"在材料粉末上面。用黏结剂黏结的零件强度较低，还须后处理。具体工艺过程如下：上一层黏结完毕后，成形缸下降一个距离（等于层厚 0.013～0.1mm），供粉缸上升一高度，推出若干粉末，并被铺粉碾推到成形缸，铺平并被压实。喷头在计算机控制下，按下一建造截面的成形数据有选择地喷射黏结剂建造层面。铺粉中多余的粉末被集粉装置收集。如此周而复始地送粉、铺粉和喷射黏结剂，最终完成一个三维粉体的黏结。未被喷射黏结剂的地方为干粉，在成形过程中起支撑作用，且成形结束后，比较容易去除。该工艺的特点是成形速度快，成形材料价格低，适合做桌面型的快速成形设备。并且可以在黏结剂中添加颜料，可以制作彩色原型，这是该工艺最具竞争力的特点之一，有限元分析模型和多部件装配体非常适合用该工艺制造。缺点是成形件的强度较低，只能做概念型使用，而不能做功能型试验。

（六）PCM 工艺：无模铸造

无模铸型制造技术（Patternless Casting Manufacturing，PCM）是由清华大学激光快速成形中心开发研制的。该将快速成形技术应用到传统的树脂砂铸造工艺中来。首先从零件 CAD 模型得到铸型 CAD 模型。由铸型 CAD 模型的 STL 文件分层，得到截面轮廓信息，再以层面信息产生控制信息。造型时，第一个喷头在每层铺好的型砂上由计算机控制精确地喷射黏结剂，第二个喷头再沿同样的路径喷射催化剂，两者发生胶联反应，一层层固化型砂而堆积成形。黏结剂和催化剂共同作用的地方型砂被固化在一起，其他地方型砂仍为颗粒态。固化完一层后再黏结下一层，所有的层黏结完之后就得到一个空间实体。原砂在黏结剂没有喷射的地方仍是干砂，比较容易清除。清理出中间未固化的干砂就可以得到一个有一定壁厚的铸型，在砂型的内表面涂敷或浸渍涂料之后就可用于浇注金属。

和传统铸型制造技术相比，无模铸型制造技术具有无可比拟的优越性，它不仅使铸造过程高度自动化、敏捷化，降低工人劳动强度，而且在技术上突破了传统工艺的许多障碍，使设计、制造的约束条件大大减少。具体表现在以下方面：制造时间短，制造成本低，无须木模，一体化造型，型、芯同时成形，无拔模斜度，可制造含自由曲面（曲线）的铸型。

在国内外，也有其他一些将 RP 技术引入砂型或陶瓷型铸造中来的类似工艺。其中较为典型的有：MIT 开发研制的 3DP（Three Dimensional Printing）工艺、德国 Generis 公司的砂型制造工艺等。美国 Sloigen 公司的 DSPC（Direct Shell Production Casting）工艺就是在 M1T 的 3DP 基础上发展起来的。

二、虚拟工业设计系统

基于虚拟现实技术的工业设计是一种以现代信息技术为基础，利用虚拟现实技术和现代先进制造技术的产品设计方法。它以三维虚拟数字模型作为信息的载体，协同多人员工作。数字模型与虚拟现实设备（立体眼镜、头盔显示器、数据手套、跟踪器等）及投影设备结合在一起，生成产品的虚拟世界，通过视觉、听觉和嗅觉等作用于用户，使用户产生身临其境的感觉，每个用户对虚拟产品的操作和修改都可以及时地在数字模型上体现，从而实现了人与人之间、人与机器之间的信息交互。

应用虚拟工业设计系统进行产品设计，可以实现草图—效果图—模型全过程的交互和可逆，可以在网上建立互动的虚拟模型用于设计研究；虚拟模型可以作为虚拟产品让顾客试用，在线统计试用信息，分析流行趋势，极大地缩短产品开发的时间，降低开发新产品的风险。通过虚拟工业设计系统，将设计师的理念和作品以平常人可以理解的方式传达，极大地提高了信息交互的深度、广度和速度，这是现代设计技术发展的大趋势。

设计表达能力是从事工业设计工作所必备的能力，掌握了它，对设计创新思维与设计组织有极大的帮助；同时，设计表达能力也是人们表达能力中最专业和高层次的能力。

第五章 产品设计的结构与造型创新

第一节 产品结构设计的内容与影响因素

从产品设计的角度来看，结构是指构成产品的部件形式及各部件组合连接的方式。产品的结构设计是为了实现某种功能或适应某种材料特性以及工艺要求而设计或改变产品构件形式及部件间组合连接方式。造型，即塑造物体的形象，也指创造出的物体形象。设计者通常利用特有的造型语言进行产品设计，并借助产品的特定形态向外界传达自己的思想与理念，设计者只有准确地把握形与型的关系，才能求得情感上的广泛认同。

一、产品结构设计的内容

（一）产品结构的类型

结构是指产品各组成元素之间的连接方式和各元素本身的几何构成。结构设计就是确定连接方式和构成形式。结构设计的基本要求是用简洁的形状、合适的材料、精巧的连接、合理的元素布局实现产品的功能。产品结构的类型主要分为以下两类。

1. 外观结构

外观结构不仅指外观造型，还包括与此相关的整体结构，也可称为外部结构。外观结构是通过材料的合理选用和结构形式来体现的。一方面，外观结构既是外部形式的承担者，同时也是内在功能的传达者；另一方面，通过外观整体结构使元器件发挥核心功能，这是工业设计要解决的问题。而驾驭造型的能力，具备材料和工艺知识及经验，是优化结构要素的关键。在某些情况下，外观结构是不承担核心功能的结构，即外观结构的转换不直接影响核心功能。例如，电话机，不论款式如何变换，其语言交流、信息传输、接收信号的功能不会改变。在另一些情况下外观结构本身就是核心功能承担者，其结构形式直接与产品效用有关。

2. 核心结构

核心结构是指依某项技术原理而形成的具有核心功能的产品结构，也可称为内部结构。核心结构往往涉及复杂的技术问题，而且属于不同的领域和系统，在产品中以各种形式产生功效，或者是功能块，或者是元器件。如家用空调机的制冷系统是作为一个部件独立设计生产的，可以看作一个模块。通常这种技术性很强的核心功能部件是要进行专业化生产的，生产的厂家或部门专门提供各种型号的系列产品部件，工业设计就是将其部件作为核心结构，并依据其所具有的核心功能进行外观结构设计，使产品具有一定性能，形成完整功能的产品。

对于产品用户而言，核心结构是不可见的，人们只能见到输入和输出部分，对设计师而言，核心结构往往是一个"暗箱"，但输出、输入是明确的。

（二）产品结构的构成

任何一个结构比较复杂的产品，按照结构的观点，均可视为由若干零件、部件和组件组合而成。

1. 零件

零件又称元件，是产品的基础，是组成产品的最基本成分，是一个独立的不可分解的单一整体，是一种不采用装配工序而制成的成品。零件通常是用一种材料经过所需的各种加工工序制成的，如螺钉、弹簧、垫圈等。

2. 部件

部件又称器件，是生产过程中由加工好的两个或两个以上的零件，以可拆连接或永久连接的形式，按照装配图要求装配而成的一个单元。其目的是将产品的装配分成若干初级阶段，也可以作为独立的产品，如滚动轴承、减振器等。

3. 组件

组件又称整件，是由若干零件和部件按照装配图要求，装配成的一种具有完整机构和结构，能实施独立功能，能执行一定任务的装置，从而将比较复杂的产品装配分成若干高级阶段，或作为独立的产品，如减速器、录像机机芯、液晶显示屏等。

4. 整机

整机是由若干组件、部件和零件按总装配图要求，装配成的完整的仪器设备产品。整机能完成技术条件规定的复杂任务和功能，并配备配套附件，如洗衣机、电话机、摄像机、电视机等。

（三）产品对结构的基本要求

产品对结构的基本要求，可概括为以下几方面。

1. 功能特性要求

功能特性是产品结构设计中最根本的技术要求。它具体是指执行机构运动规律和运动范围的要求。一个懂"规矩"的扫地机器人，该机的使用功能就是帮助人们清扫房间。该机的原则就是造出来就从来没走偏过。该产品有 24 组红外线热成像侦测系统，接收物体发出的红外辐射，再进行光电信息处理，最后以物体表面信息显示出来，精准侦测家具物品方向及距离，实现 160°高精度壁障。同时，该机器安装了"ARM+陀螺仪"规划地图，如指南针一般实时扫描地图记忆行走路线，对家具地形了然于胸，告别重扫漏扫。

2. 精度要求

这是产品结构设计中最为重要的技术要求。它具体是指对执行机构输出部分的位置误差、位移误差和空间误差的严格控制。以产品的尺寸精度为例，进行说明。尺寸精度设计主要包括几何精度设计的原则和几何精度设计的基本方法两项内容。

（1）几何精度设计的原则

保证机械产品使用性能优良，而制造上经济合理，尽可能获得最佳的技术经济效益。

（2）几何精度设计的基本方法

类比法、试验法、计算法。

①类比法

按同类型机器或机构，经过生产实践验证的已用配合的实际情况，再考虑所设计机器的使用要求，参照确定需要的配合。类比法是最常用的方法。

②试验法

对产品性能影响很大的配合，用此方法来确定机器的最佳工作性能的间隙或过盈。试验法需大量的试验，成本较高。

③计算法

根据一定的理论公式，计算出所需的间隙和过盈。由于影响配间隙量和过盈量的因素很多，理论计算的结果也只是近似的。所以，在实际应用中还须经过试验来确定。

3. 灵敏度要求

执行机构的输出部分应能灵敏地反映输入部分的微量变化。为此，必须减小系统的惯量、减少摩擦、提高效率，以利于系统的动态响应。不同产品对灵敏度的要求不一样，应根据产品的实际情况制定。

4. 刚度要求

构件的弹性变形应限制在允许的范围之内，以免因弹性变形引起运行误差，影响系统的稳定性及动态响应。例如日常生活和生产中，大量的产品均属于单功能固定式结构。例如螺丝刀，它可根据要求做成长柄的，但刚度要求高，轻度要大。如 45 号钢螺丝刀头，长度 20 毫米，直径 6 毫米，硬度要求 50～55HRC。但通常来说，45 号钢普通热处理最高硬度只能达到 48～49HRC，因此需要利用渗碳才能达到更高硬度。

5. 强度要求

构件应在一定的使用期限内不产生破坏，以保证运动和能量的正常传递。不同的产品其要求的强度不一样，请参考相关资料。

6. 各种环境下的稳定性要求

系统和结构应能在冲击、振动、高温、低温、腐蚀、潮湿、灰尘等恶劣环境下，保持工作的稳定性。

7. 结构工艺性要求

结构应便于加工、装配、维修，应充分贯彻标准化、系列化、通用化等原则，以减少非标准件，提高效益。

8. 使用要求

结构应尽量紧凑、轻便，操作简便、安全，造型美观，携带、运输方便。

二、产品结构设计的影响因素

对于产品造型设计中的结构问题，需要从多方面入手。在结构符合造型要求的同时还要满足力学要求，也就是说力学因素制约造型设计。同时造型设计还受到产品加工、制造的复杂程度即工艺可行性的制约，不经意的造型要求可能会增加工艺难度，导致制造难度加大，成本增加。以下将从力学、材料学、工艺性、人机工程、携带及运输等方面讨论产品结构设计过程中须考虑的结构问题。

（一）结构与力学

对于产品而言，大到轮船、飞机、庞大的设备，小到玩具、生活用品以及小家电产品等，都存在结构与力学的关系问题。

在结构设计时，必须对其构件间的连接、配合、制约等做出受力分析，以确定合理的结构形式。因此，可以说力学是结构设计的重要因素之一。

结构中的力是以构件间的相互作用来体现的。越是复杂的结构，其受力关系也相对复杂。从产品工作的可靠性出发，其结构中的每个构件都涉及强度、刚度和稳定性等力学问题。从产品设计的角度看，除外观造型设计外，更主要的是考虑产品的功能问题，而对于一些家电产品、玩具、家具、生活日用品等，外观和结构问题都比较重要。一些单一结构的产品，涉及的力学问题属于部件内部的布局问题，而结构比较复杂的产品则需要分析构件间的复杂受力状态。

Vincenzo Lauriola 的"花"茶几设计，利用一根钢丝巧妙地将玻璃桌面与木质桌腿紧密地结合起来，可以称得上是力学、结构与美学的完美结合。

（二）结构与材料

在产品结构设计中，对材料特性的理解和合理运用非常重要。随着科学技术的发展，新材料层出不穷，为现代设计提供了取之不尽、用之不竭的物质源泉。

同样功能的产品，在不同的应用场合或采用不同的材料制作，由于使用条件和所用材料性质的不同（如力学性能、工艺性、经济性），其结构具有多样性。

以日常生活和办公用品中经常接触的竹夹、塑料夹、活页夹为例，对材料与结构的关系做一简要分析和介绍。

从演变过程来看，较早出现的是结构比较简单的竹夹，因其取材方便、资源丰富、价格便宜，用途很广。它的主要缺点是稳定性差，弹簧构造比较复杂，在使用功能方面两片夹子易错位，体积较笨大。因竹材特性限制，普遍做工粗糙。

塑料夹因使用模具成形，表面光滑，样式美观，色彩丰富，结构合理，操作力适度，弹簧构造简单，适于大批量生产，价格较低。但塑料有老化的特性，寿命受到一定限制。

活页夹采用薄钢片和粗钢丝冲压成形，结构简单，夹持力大，适于大批量生产，成本低。由于开口量大、加压钢丝可回转，除一般用途外，最适于夹持较厚的纸张，且能使加压钢丝转到贴近纸面上，使用方便，占用空间小。

（三）结构与工艺性

在产品开发过程中，产品的设计和制造过程是密不可分的两个重要环节。片面追求造型需要而不了解产品生产过程中的工艺要求，往往会使外观设计方案难以实现，或制造成本成倍增加，最终使好的创意难以实现。

产品生产的工艺性包含装配和制造两个方面，分析结构和工艺性之间的关系主要讨论产品生产过程中与装配和制造方面有关的设计问题。

1. 结构与装配工艺

产品的装配工艺性主要是解决由零部件到产品实现过程的便利性。这里以系统装配原则为例，进行论述。系统装配原则主要体现在以下几方面。

（1）通过功能模块的方法减少制造零部件的数量

通过对组成产品的多个部件进行考察，分析一个部件在功能上能否被相邻的部件包容或代替，或考虑通过新的制造工艺将多个部件合并成一个。例如，早期汽车的仪表板由钢板制造，结构复杂，零部件众多，且造型呆板。选用注塑工艺后，结构更复杂，很多组件可一次注塑完成，组装后造型更加丰富。风机采用注塑叶轮将原有几十个零件减至几个零件而且具有结构紧凑、重量轻、能耗低、运行平稳等优点。

（2）保证部件组装方向向外或开放的空间

避免部件的旋紧结构或调整结构出现在狭小空间内，以方便操作。

（3）便于定向和定位的设计

部件间应当有相互衔接的结构特征以便组装时快速直观，可以通过颜色标注或插接结构实现。

（4）一致化设计

尽可能选用标准件并减少使用规格，以减少装配误差并节约零件成本。

2. 结构与制造工艺

产品的制造工艺性主要是解决由原材料到零部件这一过程的可实现性。每一种不同的零件因其具体结构和使用的材料不同，可以有不同的加工方式。如壳体结构设计、注塑壳体、冲压壳体、焊接壳体、铸造壳体、连接与固定结构设计等方式。由于篇幅限制，这里不进行详细论述。

（四）结构与人体工程学

1. 人体工程学概述

人体工程学是 20 世纪中期发展起来的新兴综合性学科，目前广泛应用于各个行业的设计领域。近年来在建筑设计及环境艺术设计领域，得到了广泛应用。国际上成立国际人体工程学协会。我国目前是由中国人类工效学学会组织协调该领域的学术活动。

人体功效学强调"以人为本"，提倡高效细致地为人服务。在当今社会中，深入分析人类在社会生活和生产活动中的各种行为规律，探讨人类与所操作的机器（仪器、武器装备、各种设备、家具）之间、人类与所使用的产品（车、船、机内舱空间，建筑空间）之间的相互协调关系，分析研究其内在的规律，进行人性化的科学设计，以期最大限度地减少疲劳、提高功效，舒适、健康、安全地进行各种工作、生产和日常生活活动。

人的因素对产品结构设计的影响表现在以下几个方面：（1）人体尺寸影响结构尺寸；（2）使用姿态影响结构形式；（3）人体力学特征影响操纵结构形式；（4）人的认知特点影响结构的显示形式；（5）人的心理需求影响结构的表现形式。

2. 人的认知特点与结构设计

产品的认知是指产品对感觉器官的刺激被转变成产品使用的经验或记忆，是一系列接受、解释加工、反应的过程。认知包括知觉、信息加工、反应，通过认知过程，得到操作目的，进行操作，实行动作，作用于产品，产品运行，得到产品信息反馈，形成知觉反馈，再通过信息加工、反应的认知过程形成动作作用产品，这样往复操作，实现产品功能，达到用户需求。

（1）知觉

是一系列组织并解释外界客体和事件产生的感觉信息的认识过程。简单地说知觉就是获得信息并简单加工的过程。信息的获得就是接收直接作用于感官的刺激信息。感知的作用就在于获得信息。信息是外界刺激使用户获得的感知，这种感觉资料的直接获得方式是通过感受器感知而得的。为了得到准确的人类知觉形式以及各种感知在获得信息上的作用大小，以手机为调查主题，本文设计了调查问卷进行调查。

通过对 100 个用户的调查，我们可以知道视觉、听觉和触觉确是获得信息的主要方式。产品设计中与产品有关的感知主要是视觉，视觉是信息获得的主要手段，大约占百分之八十，百分之十依靠听觉，百分之十是触觉、嗅觉和其他感官共同作用使我们充分地感知产品，获得产品使用信息。因此在产品设计中视觉、听觉和触觉是产品设计认知心理学的研究重点。同时发现它们与产品设计的因素有着很大的联系。

（2）信息加工

信息获得之后，要在大脑中进行整理加工。信息加工是在原始信息的基础上，生产出价值含量高、方便用户利用的二次信息的活动过程，此过程将使信息增值。只有在对信息进行适当处理的基础上，才能产生新的、用于指导决策的有效信息或记忆。

对产品信息的信息加工过程，主要是两部分的作用，加工器以及记忆装置。加工器是整个信息加工系统的控制部分，它是对信息进行加工处理的工具，完成信息的采集和匹配；记忆装置，是信息加工系统的一个重要组成部分，它有两方面的作用：一是加工器的信息与已有的记忆进行配对，配对成功就形成了经验；二是配对不成功则形成大量的、由各种符号按照一定关系联结组成的符号结构，即记忆。

（3）产品使用中的信息加工

信息加工过程就是大脑对信息的处理过程，通过信息的整合得出结论，指导行动，完成操作。

产品设计中信息的加工过程分成两个方面。第一，初次使用。初次使用时，用户面对产品，通过知觉获得信息，然后在大脑中搜索相关的经验和记忆，通过反复尝试，或者询问，完成操作。第二，再次使用。经过初次使用的反复尝试，使用户对操作的过程建立了记忆，形成了惯性思维，轻松直接地完成操作。

我们以手机的操作来举例分析。当拿到一款新手机时，通过观察，我们就可以利用已有的经验，判断出接挂电话的按键操作。但是开机和打开键盘锁就需要提示操作（在这里还是用尝试这个词）。进入手机主界面之后，开始摸索手机的其他功能，尝试使用方法，在大脑中建立惯性联系，最终完成手机的熟悉操作。整个过程也许需要很长时间，这是一种思维的建立。当再次使用时，通过知觉，在大脑中进行信息处理，须找配套的惯性联系，快速地完成操作。

在产品设计中，研究信息加工的目的就是要使用户可以最快速地建立惯性联系，达到"快知易用"。

（4）反应

这一过程是信息加工过程之后对信息做出反应的部分，这是整个认知过程的最后结构，控制着信息的输出。大脑做出反应之后，做出动作，实现产品的操作。

反应这个阶段，根据信息加工的阶段分析，也分为两部分。初次使用时，反复尝试的过程，会出现很多的反应，出现很多的错误操作，错误信息反馈给大脑，做出新的反应，直到完成用户的目的操作。再次使用时，通过初次使用的经验积累，惯性联系的建立，最快地做出目的反应，完成操作。

还是以手机为例分析。拿到新手机，初次使用，反复尝试，例如如何开机关机、如何发短信、如何应用软件等都要经过多次的试验或者他人的指导，在这个过程中会出现很多的错误操作。失败重来，正确记忆，这样当再次使用时自然就很快地完成目的操作。

3. 人的心理需求与结构设计

产品设计的目的是满足人的需求，随着经济的发展及生活水平的提高，人们对产品的需求不仅是"能够使用"，从某种程度上说，人们对于情感的需求甚至超过了对物质的需求。设计并不是完全意义上的艺术创作，因为设计师不仅要在设计中表现自身的情感，更重要的是，设计师应通过设计最大限度地满足消费者心理上的需求。需求心理学是心理学中很小的一个分支，它是在对消费心理学、认知心理学、人机工程学等学科的综合分析与研究中，建立起来的理论，它的最主要理论来源即马斯洛（Maslow）的需要层次理论，在该理论中，人的需求被分为五个等级，即生理需要、安全需要、社会需要（归属和爱的需要）、尊重需要、自我实现的需要。从某种意义上说，正是因为有人的需求心理，才会有相应的设计，而且设计根据人性也可以引导消费者以怎样的方式来消费，设计中如果缺乏需求心理学知识，往往会让设计者误解设计要解决的主要问题——是否满足了人对此设计的心理喜好？对人的需求心理的研究，可以形成需求心理方面的初步理论，并通过对现实消费群体关于家用产品设计心理需求的调查与分析，借助认知心理学、消费心理学、设计心理学并结合人机工程学的理论知识来研究产品结构设计，指导设计者设计出更人性化、更可人的产品。

以新奇好玩的学具为例进行分析。适合少年心理特征，小学生用品在结构设计上应该显现清新活泼的气息，融入一些趣味性、知识性，这是对的。但是部分小学生学具、文具设计得过于花哨：一支铅笔，上面装饰了白雪公主和七个小矮人的形象，装上能翻跟斗的小猴子或什么"银球走迷宫"的把戏，有的还是能动的，有的铅笔盒也非常花哨，盒面贴上全息图片，从不同角度看呈现不同影像，具有似动效果……孩子小，本来就容易分心，这样的铅笔和铅笔盒放在课堂上，更加分散他们的注意力，影响听课和课堂秩序。这是设计适应儿童好新奇心理但走偏了的例子。

4. 人体尺寸与产品结构

人体测量数据包括人体的各部分静态尺寸、动态尺寸、人体重量、操纵力等一系列统计数据，为产品结构尺寸设计提供依据。

以沙发为例进行分析。沙发是起居室中的主要家具之一，沙发的尺寸应优先考虑男性身体的尺度需要。沙发座高应考虑与膝高的关系，沙发座宽应考虑与肩宽的关系（应考虑较高大的身材需要），沙发座深应考虑与臀部和膝部之间长度的关系（应考虑较小的身材需要）。沙发与茶几的距离应考虑人伸手能方便地拿到茶几上的东西，同时还应考虑人腿的放置与人体通行的关系。双人及三人沙发根据人体功效学原理进行的平面设计和双人及三人沙发根据人体功效学原理进行的侧立面设计，沙发与茶几的距离宜选用较小的间距尺寸。

5. 使用姿态与结构设计

好的产品设计能够使人在使用过程中保持健康的姿态，既可以保证高操作效率，又可以保持较长时间操作不会带来对人体的伤害，如酸痛、肌腱炎、腰椎间盘突出、颈椎病、局部肌肉损伤等。简言之，是一种舒适的、高效的姿态。基本原则是避免肌肉及肌腱处于非顺直状态（如手腕的尺侧偏、桡侧偏、翻腕等），避免肌肉长时间处于紧张状态，避免神经、血管丰富部位（如掌心、膝盖窝等）受压及直接遭受振动，避免设计原因导致非工作肌群着力，如抬肩、弯腰、塌背、长时间站立，结构应具有灵活性，以便调整或变换姿态等。

6. 人体力学特征与结构设计

人体依靠肌肉收缩产生运动和力，可以实现多种运动，完成各种复杂动作。人们在日常生活中，经常需要利用肢体来使用或操作一些器械或装置，所使用的力称为操纵力。操纵力主要是肢体的臂力、握力、指力、腿力或脚力，有时也会用到腰力、背力等躯干的力量。操纵力与施力的人体部位、施力方向和指向，施力时人的体位姿势、施力的位置，以及施力时对速度、频率、耐久性、准确性的要求等多种因素有关。

汽车上的换挡操纵杆，需要经常在几个位置间转换以调整行车速度，其外形和尺寸、行程和扳动角度、操纵阻力、安装位置等都与人体力学特征密切相关。以操作位置为例，坐姿下，在腰肘部的高度施力最为有力。而当操作力较小时，在上臂自然下垂的位置斜向操作更为轻松。

第二节　产品造型设计与体验

一、产品造型活动的认知

（一）型与形的认知

"型"是语言学中比较常用的词，属于范畴概念。其本义是指铸造器物的土质模子，引申出式样、类型、楷模、典范、法式、框架或模具的意思，如新型、型号。型可分为形和性。形指的是句法层面，性指的是语义特征。"让我百度一下"中"百度"在句法层面上归属于动词的形式（动形），在语义层面上应该化为名词性（名性）。所以形与型的区别在于：形表示样子、状况，如我们近些年的冬天都会买"廓形"的大衣，这里的"廓形"就是此意；型表示铸造器物的模子、式样。

当然，结合不同的组词方式和语境，它们的意义会更加容易区分。比如，原形是指原来的形状，引申为本来的面目，如原形毕露；原型指文艺作品中塑造人物形象所依据的现实生活中的人，在界面设计和产品设计中也经常会用到原型设计这一设计环节。这里所要解决的造型问题，是透过视觉的经验传达，将信息接收或传输转换成有意义的形，并且具有某种象征意义，经过思维的转换，表达出可视、可触、可观的成形过程的问题。所以，本节中提到的产品造型主要是针对产品外观形态的设计，同时解决产品功能与形式的综合协调问题。

（二）造型活动的来源

造型与人类的起源几乎是同步的，生活之中处处存在造型，设计者可以从视觉、触觉、知觉等感官体验中，体会和感受时间与空间上造型带给我们的不同效果，使我们生活在充满造型的氛围之中。

生活的本质是促使造型发展的动力之一，从原始人类的生活可见一斑。从旧石器时代开始，人们的生活就与造型艺术结下不解之缘，而造型文化就此萌芽。人类为了维护与大自然相互依存的关系，用手工打制器物，发明了燧石、刀、矛等，用来打猎、谋生、饮食，以辅助生活所需。

进入新石器时代后，畜牧与农耕使人类对造型的要求发生变化：人类进化为群居的生活方式，促使人类对造型有了新的认知，当然也包括生活的经验，进而对造型有了更进一步的认识，在食、衣、住、行等各个方面都产生了相当大的文化冲击。与此同时，世界各地的造型文化不约而同地展开，基于差异化的生存条件、地理环境等因素的影响，人们对造型的机能性要求也就不同。

二、产品造型设计的概念与范围

产品造型设计的概念与范围，是指用特定的物质材料，依据产品的功能而在结构、形态、色彩及外表加工等方面进行的创造活动。作为艺术与技术的结合，无论外观还是完全意义的产品设计或其他相关设计，都必须解决包括形态、色彩、空间等要素在内的基本造型问题。从这个角度来看，形态学是一切造型设计的基础，贯穿造型活动的始终。造型设计正是以此为基础而展开，融合了技术、材料、工艺等形成一种系统的和谐美。

产品造型的设计范围主要包括原理、材料、技术、结构、肌理、色彩。

三、产品造型设计的目的与设计原则

（一）产品造型设计的目的

人类在生活上的各种行为模式都有其目的，如穿衣是为了蔽体与保暖、搭车是因为希望到某个地方去、居住是为了休息、商业行为的销售是为了将商品贩卖给消费者等。对造型的行为而言，也有其目的性，只是目的性的表现程度不同，对造型的影响程度也有所不同。

造型的目的包含美观性、实用性、创造性和经济性。美观性给人带来心灵的愉悦和视觉的冲击。

设计除了要求视觉上的美观之外，还要求具有实用性与机能性，这些要求与造型的要求是相同的。造型与设计是密不可分的，从绘画、工艺、建筑等作品中可窥其奥妙，简而言之，设计与造型满足了人类生活的需求，更容易在生活中得到运用，使人们的生活变得更加便利及舒适。

（二）产品造型设计的原则

产品造型设计的原则主要体现在以下几方面。

1. 产品形态应清楚表达产品的功能语意

符合操作功能和人体工程学的要求。其中的人体工程学研究方法包括测量人体各部分静态和动态数据；调查、询问或直接观察人在作业时的行为和反应特征；对时间和动作的分析研究；测量人在作业前后以及作业过程中的心理状态和各种生理指标的动态变化；观察和分析作业过程和工艺流程中存在的问题；分析差错和意外事故的原因；进行模型实验或用计算机进行模拟实验；运用数字和统计学的方法找出各变数之间的相互关系，以便从中得出正确的结论或发展有关理论。产品设计中运用了该原则，利用人性化设计的思想和人机工程学原理充分考虑使用者的生理需要、生理尺寸、操作方式等，使设计作品符合人的生理尺寸和动态尺寸。

2. 产品形态应与环境和谐相处

在材料的选用、产品的生产和在将来报废后回收处理时，要考虑其对生态环境的影响。对于绿色产品设计，在生产工艺上，尽量使用生态工艺，在生产过程中实现资源的合理和充分利用，使生产过程保持生态学意义上的洁净。在材料的选取上做到无毒无害，不污染环境，降低成本，在使用过程中不会产生光、声、热等危害人体健康的污染源是实现健康设计的基本保证。绿色设计除了考虑工艺材料上要做到环保外，还要考虑人们的心理需求和精神文化需求。绿色健康的设计在形态、材料、色彩等方面给人视觉、触觉等美观、舒适、健康的感受，并给人们带来一定的心理满足，使人觉得快乐，从而满足使用者的精神文化审美需求。

3. 产品形态应具有独创性、时代性和文化性

高品质的产品形态能准确传达形态语意。"形态"是一种语言符号，"形态语言"是一种思想交流的工具。语义设计中存在设计者、设计物、使用者三个方面。设计者为了使设计意图、信息能顺利畅通地被使用者了解并接受，不造成误读、误解，设计前要对形态因素的语言使用情境进行分析，称为形态的语境分析。产品形态的表现实际上是一系列视觉符号的传达，产品形态语义设计的实质也就是对各种造型符号进行编码，综合产品的造型、色彩、材质等视觉要素，传达产品的功能和结构特征。

四、产品造型设计的基本流程

产品造型设计的基本流程主要体现在以下几个阶段。

（一）造型准备阶段

在设计新产品或改造老产品的初期，为了保证产品的设计质量，设计人员应充分进行广泛的调查，调查的主要内容包括以下几点：全面了解设计对象的目的、功能、用途、规格，设计依据及有关的技术参数、经济指标等方面的内容，并大量地收集这方面的有关资料；深入了解现有产品或可供借鉴产品的造型、色彩、材质，该产品采用的新工艺、新材料的情况，不同地区消费者对产品款式的喜恶情况，市场需求、销售与用户反映的情况。

设计人员要充分利用调查资料和各种信息，得出合理的方案，运用创造性的各种方法，绘制出构思草图、预想图或效果图等，从而产生多种设计设想。

总体来说，造型准备阶段需要注意以下两方面：

1. 趋势研究

全面了解设计对象的目的、功能、规格、设计依据及有关的技术参数、经济指标等内容。

2. 视觉趋势分析与文化扫描

深入了解现有产品或可供借鉴产品的造型、色彩、材质、工艺等情况，分析市场需求、消费者趋势研究等相关数据。

（二）造型创意阶段

运用创新思维的方法进行产品造型设计。创新思维的方法一般包括功能组合法和仿生创造法。

功能组合法是将产品的多种功能组合在一起，从而形成一种不改变本质的创意产品的方法；仿生创造法是通过对自然界中的各种生命形态的分析，形成一种具有丰富的造型设计语言的方法。设计者以自然形态为基本元素，运用创造性的思维方法和科学的设计方法，通过分析、归纳、抽象等手段，把握自然事物的内在本质与形态特征，将其传达为特定的造型语言。产品造型设计中的高速鱼形汽车、仿鸟类翅膀的飞机机翼、仿植物形态的包装造型设计等都是模拟某些生物形态，经过科学计算或艺术加工而设计的。

另外也可根据一个主题，采用提问的方式，比如为什么这么做？如何做？应该注意哪些问题？通过一系列问题制作针对性较强的思维导图，做头脑风暴的思维训练。

头脑风暴的具体做法如下。

1. 单一主题。2. 游戏规则是不要批评，鼓励任何想法。3. 主会者应善于对议题进行启发与转化，避免参会者陷入一个方向而不能自拔。4. 给想法编号。5. 空间记忆。将所有想法记录贴在墙上，辅助记忆。6. 热身运动。在开始讨论前先做些智力游戏，伸展心灵肌肉。7. 具象化。用漫画、故事的方式展示，增强可视性和感知性。

（三）造型定型阶段

1. 创意草图

这一环节的工作将决定产品设计的成本和产品设计的效果，所以这一阶段是整个产品设计最为重要的阶段。此环节通过思考形成创意，并快速记录。这一设计初期阶段的想法常表现为一种即时闪现的灵感，缺少精确尺寸信息和几何信息。基于设计人员的构思，通过草图勾画方式记录，绘制各种形态或者标注记录下设计信息，确定三至四个方向，再由设计师进行深入设计。

2. 产品平面效果图

2D 效果图将草图中模糊的设计结果确定化精确化。通过这个环节生成精确的产品外观平面设计图，可以清晰地向客户展示产品的尺寸和大致的体量感，表达产品的材质和光影关系，是设计草图后的更加直观和完善的表达。

3. 多角度效果图

多角度效果图，让人更为直观地从多个视觉角度去感受产品的空间体量，全面地评估产品设计，减少设计的不确定性。

4. 产品结构草图

设计产品内部结构，包括产品装配结构以及装配关系，评估产品结构的合理性，按设计尺寸，精确地完成产品的各个零件的结构细节和零件之间的装配关系。

（四）产品色彩设计阶段

产品色彩设计是用来解决客户对产品色彩系列的要求，通过计算机调配出色彩的初步方案，来满足同一产品的不同色彩需求，扩充客户产品线。

（五）产品标志设计阶段

产品表面标志设计将成为面板的亮点，给人带来全新的生活体验。VI 在产品上的导入使产品风格更加统一，简洁明晰的 LOGO，提供亲切直观的识别感受，同时也成为精致的细节。

五、形式美法则在产品造型设计中的运用

秩序感在形式当中体现为几种具体的规律，比如变化与统一、对比与协调、韵律与节奏、对称与均衡、比例与尺度及稳定与轻巧。这几种规律能够表达或突出秩序感的规律，被称为形式美的基本法则。这些法则一方面可以帮助初学者更快地在抽象或具象的对象物当中发现秩序，从而把握美的规律与奥秘；另一方面也将引导初学者依循着正确的方法去创造美。

（一）变化与统一

变化与统一是世界万物之理，也是最基本的形式美法则，不论其形式有多大的变化和差异，都遵循这个法则。

变化是指由性质相异的要素并置、组合在一起，从而形成一种对比显著的视觉效果。变化可突出活泼、多样、灵动的感觉。要达到变化的效果，需要将产品的造型、构图、色彩以及处理手法等统一于整体中，同时又要具有相对的对立性，各元素既相互关联，又相互独立，通过差异性的显现，来寻求丰富的变化。形态的大小、方圆，线条的粗细、长短，色彩的明暗、灰艳等差异，都是变化的具体体现。

统一的手法就是在设计中寻找各要素的共性，如风格、形状、色彩、材质和质感等，在这几个要素统一协调的基础上，根据创意表达的重点进一步设计，表现产品特点，丰富产品的层次和内涵。变化是指由性质相异的相关要素并置、组合在一起，从而形成一种对比显著的视觉效果。

对于产品而言，统一且变化的秩序感意味着从整体上看是统一的，不论是形态、结构、工艺、材质还是色彩，但从每一个细节入手观察，又会发现更多细微的调整与变化。变化增加了统一的趣味性，同时也丰富了秩序的内涵。

统一与变化的形式美法则，常见于同一品牌的不同产品系列中，以及功能相似、形态

相异的产品系统里。

综观其他成功获得连续品牌识别力与商业关注的产品，比如英国厨具品牌 Joseph 以及星巴克标志设计，尽管设计创新从未停止过，但一直保持在渐变的、可接受的程度里，维持着消费者对其品牌的熟悉感。

（二）对比与协调

对比与协调可以丰富产品造型的视觉效果，增加元素的变化和趣味，避免造型的单调和呆板。在创意产品造型设计中，对比与协调作为一种艺术的处理手法融入产品造型各组成要素之间。

对比是针对各要素的特性而言的，对比就是变化和区别，突出某一要素的特征并加以强化来吸引人们的视线。但对比的运用要恰当，采用过多的话会导致造型显得杂乱无章，也会使人们情绪过于异常，如激动、兴奋、惊奇等，易产生视觉疲劳感。

协调是强调各构成要素之间的统一协调性，协调的造型给人稳定、安静感。但如果过于追求协调则可能使产品造型显得呆板。因此，在创意产品造型设计中，处理好这两者之间的关系是设计成功的重要因素。

在产品设计中，通过不同的形态、质地、色彩、明暗、肌理、尺寸、虚实以及结构与工艺等方面的差异化处理，能使产品造型产生令人印象深刻的效果，称为整体造型中的视觉焦点。

对比是产品造型设计中用来突出差异与强调特点的重要手段。对比不是目的，产品形态的整体协调才是设计者希望实现的最终效果。设计者在运用对比手法强调形态的视觉焦点时要注意把握好度，以整体协调作为衡量的标准，注意防止过犹不及。古语中的"刚柔并济""动静相宜""虚实互补"等，都是说明对比与协调的相互关系的。设计者在大胆尝试对比使用各种不同性质的形式要素时，要注意产品整体的协调感。

（三）韵律与节奏

韵律和节奏又合称为节奏感。生活中的很多事物和现象都是具有韵律和节奏感的，它们有秩序的变化激发了美感的表达。韵律美的特征包括重复性、条理性和连续性，如音乐和诗歌就有着强烈的韵律和节奏感。韵律的基础是节奏，节奏的基础是排列，也可以说节奏是韵律的单纯化，韵律是节奏的深化和提升。排列整齐的事物就具有节奏感，强烈的节奏感又产生了韵律美。

节奏表现为有规律地重复，如高低、长短、大小、强弱和浓淡的变化等。在创意产品设计中，常运用有规律的重复和交替来表现节奏感。韵律是一种有规律的重复，建立在节奏的基础上，给人的感觉也是更加生动、多变、有趣和富有情感色彩。

在产品造型设计中，多采用点、线、面、体、色彩和质感来表现韵律和节奏，来展现产品的秩序美和动态美。尤其在一些创意产品设计中，可以体现丰富的韵律和节奏变化，给形体建立了一定的秩序感，使得创意造型设计变得生动、活泼、丰富和有层次感。

值得注意的是，节奏感的强弱通过重复的频率和单元要素的种类与形式来决定。频率越频繁，单元要素越单一，越容易产生强烈的节奏感，但这种单调而生硬的节奏感也容易造成审美疲劳。所以，设计者应灵活控制节奏感的强弱程度，要善于利用多种类型的相似元素来形成节奏感。

在造型活动中，韵律表现为运动形式的节奏感，表现为渐进、回旋、放射、轴对称等多种形式。韵律能够展现出形态在人的视觉心理以及情感力场中的运动轨迹，在观者的脑海中留下深刻的回忆。

节奏与韵律是产品设计中创造简洁不简单形态的最直接原则。正如前文所说，节奏与韵律在音乐领域的表达最为生动，因此在被运用到音箱造型设计中时，会起到事半功倍的效果。

（四）对称与均衡

对称与均衡是人们经过长期的实践经验从大自然中总结得出的形式美法则，在自然界中的很多事物都体现着对称和均衡，比如人体本身就是一个对称体，一些植物的花叶也是对称均衡的。这种对称均衡的事物给人以美感，因此，人们就把这种审美要求运用到各种创造性活动中。

德国哲学家黑格尔（Hegel）曾说过，要达到对称与均衡，就必须把事物的大小、地位、形状、色彩以及音调等方面的差异以一个统一的方式结合起来，只有按照这样的方式把这些因素不一样的特性统一到一起才能产生对称与均衡。

对称是指一条对称轴位于图案的中心位置，或者是两条对称轴线相交于图案的中心点，把图案分割成完全对称的两个部分或者四个部分，每部分视觉感均衡，给人安定和静态的感觉。对称给人稳定、庄重、严谨和大方的感觉。在创意产品造型设计中，要灵活、适当运用对称这一形式美技法，否则过于严谨的对称会使设计出来的造型呈现出笨拙和呆板的感觉。

均衡是指事物两边在形式上相异而在量感上相同的形式。均衡的形式既变化多样，又强化了整体的统一性，带给人一种轻松、愉悦、自由、活泼的感觉。在创意产品造型设计中，为了使造型达到均衡，就需要对其体量、构图、造型、色彩等要素进行恰当的处理。均衡，更多的是人们对于形态诸要素之间的关系产生的感觉。形态的虚实、整体与局部、表面质感好坏、体量大小等对比关系，处理得好就能产生均衡的心理感受。对比只是手段，能否产生均衡的心理感受，才是判断形态好坏的标准。

均衡既可以来自质与量的平均分布，也可以通过灵活调整质与量的关系来实现动态均衡。前者的均衡更为严谨、条理，理性感突出；后者在实际造型设计中使用得更为频繁，也更容易产生活泼、灵动、轻松的感觉。

（五）比例与尺度

在产品造型设计中，视觉审美还受比例和尺度的影响，比例和尺度适宜则设计出来的产品优美、大气，使观者赏心悦目。

比例是指一个事物的整体与部分的数比关系，是一切造型艺术的重点，影响着产品造型的设计是否和谐，是否具有美感。产品造型的美是由度量和秩序所组成的，适宜的比例可以取得良好的视觉表达效果，古希腊的毕达哥拉斯学派提出了关于比例展现美的"黄金分割"定律，探寻自然界中能够产生美的数比关系。

比例贯穿产品造型设计的始终，是指产品造型中的整体与部分或者各个组成部分之间的比例关系。如在整体造型中，各造型要素所占的比例。

比例是一个相对的概念，表现的是各部分之间的数量关系对比和面积之间的大小关系，不涉及各部分具体的尺寸大小。而尺度是指人的自身尺度和其他各要素尺度之间的对比关系，研究产品造型构成元素带给人们的大小感觉是否适宜。在许多设计中，尺度的控制是至关重要的，与人相关的物品，都有尺度问题，如家具、工具、生活用品、建筑等，尺寸大小和形式都与人的使用息息相关。对这些产品的尺寸设计要合理，要符合人体工程学，要形成正确的尺度观念。

椅子的形态不论如何多样化，它各个部分的尺寸、比例都应该遵循用户的人体尺寸来确定，这种符合的关系称为尺度。尺度，反映了产品与用户之间的协调关系，涉及人的生理与心理、物理与情感等多方面的适应性。

由德国功能主义设计师迪特·拉姆斯（Dieter Rams）为布劳恩公司设计的 ET66 计算器。尽管是 20 世纪 80 年代末的产品，今天看来，它的形态还是那么考究，经得起推敲。不论是整体的尺度，还是细部各个按键之间的比例关系，都堪称形式美法则的典型符号。

（六）稳定与轻巧

稳定感强的设计作品给人以安定的美。形态中的稳定大致可分为两种：一种是物体在客观物理上的稳定，一般而言重心越低、越靠近支撑面的中心部分，形态越稳定；另一种是指物体形态的视觉特点给观者的心理感受——稳定感。前一种属于实际稳定，是每一件产品必须在结构上实现的基本工程性能；后一种属于视觉稳定，产品造型的量感要符合用户的审美需求。

形态首先要实现平衡才能实现稳定。所有的三原形体——构成所有立体形态的基础形态，即正方体、正三角锥体和球体——都具有很好的稳定性。这三种立体的形态最为完整，重心位于立体形态的正中间，因此最为稳定。影响形态稳定性质的因素主要包括重心高度、接触面积等。一般来说，重心越低，给人的感觉越稳重、踏实、敦厚；重心越高，越体现出轻盈、动感、活泼的感觉。

轻巧是指形态在实现稳定的基础上，还要兼顾自由、运动、灵活等形式感，不能一味地强调稳定，而使形态显得呆板。实现轻巧感的具体方式包括适当提高重心、缩小底面积、变实心为中空、运用曲线与曲面、提高色彩明度、改善材料、多用线形造型、利用装饰带提亮等。设计师要根据产品的属性，灵活掌握稳定与轻巧两者的关系：太稳定的造型过于呆板笨重，过于轻巧的造型又会显得轻浮，没有质感。

沙发给人的视觉感觉一般比较稳重，为了调整这种稳定感，可以适当减少接触面积，比如增加了四个脚座的沙发，就比红唇沙发看上去要轻巧了一些，因为它不仅减少了接触面积，还提高了沙发整体的重心。

综上所述，在产品造型设计中，设计师要善于利用统一与变化、对比与协调、韵律与节奏、对称与均衡、比例与尺度等形式美法则，在满足稳定的基本条件之上融合稳定与轻巧的形式感，打造出富有美感的整体形态。

六、产品体验设计

（一）产品体验的体系概念

当今，随着产品设计对体验和情绪的关注，产品或品牌体验的系统化研究有了实现的可能性，产品体验体系正在趋向完整。产品体验设计的重要任务之一是如何把产品设计、市场营销和广告学三方力量凝聚到一起，相互合作，共同完善产品或品牌的体验体系。

传统的产品设计模式实际上割裂了设计、营销和广告三个相互关联的内容。产品设计完成后，对产品后续的工作一概不问，不继续进行相关的服务设计；而对于营销和广告而言，无论产品好坏，只要想尽办法将它们卖掉就是胜利，至于消费者是否还会再买，下次再说。这样割裂的工作方式是无法有效地开展产品体验设计的战略，并且常常会导致三方对于产品的理解出现重大偏差。

例如，某产品根据的定位，其形态和功能可谓是设计完美，但是广告和营销在购买前阶段过度夸张，对消费者运用了错误的情绪战略或传达了错误的产品信息，使得消费者或用户在购买后阶段的交互中，有可能会因为产品的使用结果与宣传的结果存在较大偏差，而经历消极情绪体验。因此，体验和情绪是现如今产品设计、营销和广告共同运用的战略，只有在产品体验体系的概念下，产品设计、营销和广告三方才能紧密联系，创造出能够影响用户情绪和品牌依恋感的产品价值。

（二）产品体验设计的方法

1. 主题化设计

（1）巧妙的主题构思

好的设计有时需要好的名字来烘托，引导人们去想象和体味其中的精髓，让人心领神会或怦然心动，就像写文章一样，一个绝妙的题目能给读者以无尽的想象。借助语言词汇的妙用，给所设计物品一个恰到好处的名字，不仅能深化其设计内涵，而且往往会成为设计的点睛之笔，可谓是设计中的"以名诱人"。在将独特的命名方式用在产品上的设计师中，菲利普·斯塔克（Philippe Starck）是一个代表，他的每件产品都被赋予了形象化的名字，人们能立即从名字中展开无数与产品的联想以及希望了解隐藏在产品背后的故事。通过产品名字，使用户与设计师之间能够建立起一种牢靠的统合感，产生一种不寻常的亲切关系。用更诗意的文字创设出迎合人们浪漫心态的更讨人喜爱或者是能引起人们强烈感受、引起美好回忆的产品意象，可以说是市场营销的一种策略，在为产品加上能引起人奇妙幻想名字的同时，人们将从追求在物质上拥有它们转变为对拥有本身的个体性崇拜和公众性艳羡。一个名字能带给我们许多思考和联想，它给我们所带来的心灵上的震撼和情感体验是不言而喻的。

（2）制定创意主题的标准

一个有好的创意的主题，必定能够在某一方面影响某些人的体验感受。所有好的创意主题都会有一些共性的地方，将这些共性之处进行归纳总结，即可为制定创意主题的标准。

①具有诱惑力的主题必须调整或改变人们对现实的感受。每个主题都要能改变人们某方面的体验，包括地理位置、环境条件、社会关系或自我形象。②一个有好的创意的主题往往能打动一定的人群。制定主题要有目标地针对体验人群，这可以与市场细分联系在一起，根据所面对的目标用户，采用最能打动他们的主题。设计者在对用户行为进行研究分析的基础上，更好地分析和理解这部分人群的心理及生理情况，掌握他们的行为和思想方式，制定相应的主题必能抓住用户群的注意力。③富有魄力的主题，能集空间、时间和事物于相互协调的一个系统中，成功主题的引入能将体验者带入一个故事的情节中。在故事中有空间、时间和事物，体验者的参与使这个主题故事更好地演绎下去。引入一个主题，用讲故事的方法演绎产品现在正被很多企业采用。很多国际大品牌就是用一个个故事来展现他们深厚的文化底蕴，并以此吸引广大消费者。④好的主题能在多场合、多地点布局，进而可以深化主题。好主题的制定，一定便于更好地推广产品，并且在点化主题的工作上易于操作，这样人们不断处于这种影响下，对于主题化的思想更加深刻和明确。企业的主题化思想深入人心，深化了主题，达到了主题化设计的目的。

2. 创造品牌化体验

（1）产品体验

产品是用户体验的焦点。当然，体验包括体验产品的自身性能。但是随着高质量产品的普及，这种功能上的特点在产品竞争中不再占有很大的优势。从目前情况来看，产品体验方面的需求比单纯的功能和特点上的需求更重要。首先要考虑产品是如何工作、运行的。关于这个问题，不同的人会有不同的见解。设计人员会用体验的眼光来考虑问题，用户人群也会考虑产品的体验。但用户不同于设计人员，他们没有直接参与设计过程，他们是在与产品的接触中产生体验的，对于用户来说，用起来简单方便的设计才是好的设计。

当然，产品还有美学上的吸引力。产品美学——它的设计、颜色、形状等不应该与功能和体验特点分开来考虑。设计者应注重产品的全面体验，使产品的各个方面凝聚在一起，形成最优化的整体。

（2）外观设计

产品外观是品牌体验的一个关键方面。用户不仅可以看到产品外观上的符号，且体验的基本事实清楚地反映在符号中，广告的意义就是利用符号来刺激体验。这样的体验式广告加深用户对体验经历的记忆，或者本身就是一次体验经历。体验式广告必须挖掘新鲜体验元素并以新鲜体验元素作为主题，使广告感知化，增加用户与广告之间的相互交流。

工业设计发展到今天已经真正突破了艺术和科学的疆域，成为一门独立的交叉学科。从另一个角度来看，设计与商业的联系也比其他任何时候更加紧密，世界上一流的商学院、管理学院和设计学院都强烈地感受到了这一点。

"设计学院是否是未来的商学院""商学院应是否该成为设计学院"的讨论在近期许多国际会议上都成了热点。无论在中国还是在其他国家，设计学院融入商业及管理理念，商学院和管理学院也在本学院课程中将设计的内容列为必修课程已屡见不鲜。

目前产品体验的研究，一方面正在从心理学、社会学等基础学科寻找理论基础，以解释人类之所以能产生的与产品相关的情绪和体验；另一方面又将这些与商业无关的基础理论应用于商业产品/服务的开发中，为消费者/用户设计好的产品体验，为企业创建好的品牌。

今天，产品设计再也无法单独存在，设计的系统思考成为必然，也许这也是设计师应该重新认识设计、定义设计、思考如何运用设计来建立品牌和取得商业成功的时候了。

3. 基于体验的品牌传播

在体验经济时代，品牌传播是将企业品牌与用户的联系变得最为紧密也最为关键的一环。品牌传播必须充分考虑目标用户对个性化、感性化的体验追求，使用户在体验的同时达到品牌传播的效果，从而加强用户对品牌的忠诚度。

（1）将品牌传播上升到企业发展战略高度

企业想获得竞争优势，要么比别人成本低，要么有特点。面对产品同质化以及用户对个性化体验的渴求之间的矛盾，以形成品牌差别为导向的市场传播（品牌传播）成为企业打造重要战略平台的竞争优势之一。因为用户每一次对某一品牌产品的消费，从开始接触到购买再到使用，都是一次体验之旅，而这些体验也将会强化或改变用户原有的品牌认识。所以，企业要把品牌传播提升到企业发展战略高度，以系统的科学观协调好企业的各方面，为用户创造一体化的体验舞台。

（2）定位品牌，捕捉用户心理

品牌定位是决定一个品牌成功与否的关键。准确的品牌定位源于对用户的深度关注和了解。用户既是理性的又是感性的，而且市场证明用户理性的消费需求是有限的，而感性的消费需求却是无限的。依据目标用户的个性特征，塑造一个具有个性的感性品牌，体验经济时代可使品牌具有很强的生命力。这种感性的品牌个性让用户在更多的体验中享受品牌带来的个性化刺激。但这并不否认品牌理性特征的重要性，因为无论是用户的感性还是品牌本身的感性，实际上都来源于其各自的理性。

品牌定位的焦点在于寻找品牌个性特征与用户需求之间的交叉点和平衡点。重要的是，品牌定位不在产品本身，而在用户心底。用户的心智必将成为体验经济时代品牌传播的"众矢之的"，抓住用户心理是获取品牌忠诚的必经之路。在用户享受品牌体验之中传播品牌个性，紧扣用户心智的脉搏，达到"心有灵犀一点通"的境界。

（3）提炼品牌传播主题，把握品牌接触点，提供全面用户体验

企业的日常运营无时无刻不在传达出相关的品牌信息。提炼传播主题对品牌传播具有举足轻重的意义。它可以鲜明地彰显和宣扬品牌个性，让用户很快建立起品牌与自己生活方式、价值观念相适应的情感联系。在某种程度上，品牌传播的主题就是用户体验的主题。在品牌传播的过程中，详细规划接触用户的过程，并在这一过程中传播产品的品牌信息，长时间地给予用户全面的体验，使用户对产品产生印象和记忆，并且对产品产生感性认知。以这种形式，充分利用品牌的接触点，以产品设计作为实现途径，为用户提供更多、更全面的体验服务。

（三）产品交互设计

"交互"并不是新的概念，在早期的人类工程学或功效学的研究中就已出现"交互"一词。人和机器的相互作用，共同作业，一起完成某项任务就是人机交互的最初定义。

而如今的交互设计（Interaction Design）与原先的人机交互存在着研究对象上的差异。人类工程学或功效学中的人机交互的研究对象主要是针对机械类、仪表类的工业时代的产品。而如今的交互设计研究的对象是智能类、软件类的信息时代的产品。

严格地说，交互设计是产生于20世纪80年代的一门关注用户与产品之间交互体验的新学科。这里的"交互"概念，是美国设计公司IDEO创始人之一比尔·莫格里奇在1984年的一次设计会议上，针对产品中软质信息界面内容的不断增多，为了引起设计界的重视而提出的。

从用户角度来说，交互设计是一种从信息交流的角度进一步提高产品的易用性，有效地通过产品与用户间的互动，给用户带来欢娱性、情感体验性的设计方法。

从产品设计的角度来看，交互设计属于体验设计的范畴，其首先解读目标用户对信息产品的真正需求；其次，解读用户与信息产品交互时的心理模型和行为体验特征；最后，解读各种可能的、有效的交互方式和用户心理模型。

从实际运用的角度来看，由于信息化、智能化技术的迅速发展，互联网和物联网以及衍生产品的广泛普及，人与智能产品，人与信息产品之间的关系已日趋平民化，平民化的消费者与这类产品之间的交互质量已成为这类产品设计时不可回避的课题。因此，交互设计被广泛运用于智能类和信息类产品的界面设计和软件设计中。由于交互设计与界面设计的关联性，以至于人们很容易把交互设计与界面设计混为一谈。

其实，界面设计只是针对界面内容的设计行为，就如产品开发概念下的产品设计一样。而交互设计是系统的概念，它可以理解为一种设计的方法、一种设计的视角、一种设计的态度。从设计对象而言，它是针对人与信息之间交互质量的设计。当然其中涉及界面设计、交互方式设计、软件设计和相关的产品硬件设计等。

如今的产品与人之间的关系再也不像早期工业时代的机械类产品那样简单，随着产品进入信息时代，产品的概念从单纯的硬件延展到了软件领域，从单纯的产品本身延展到了产品系统和服务。交互已不再是简单的动作层面的操作，而更多的是信息的读取和感知的互动，是人与产品情感层面的交互体验。

由此可见，人们已无法用简单的人机交互的概念来涵盖交互设计，交互设计正在从产品设计和界面设计的夹缝中抽离出来，以自己独有的方式引起设计界的关注。

产品体验设计中的关键概念是"人与产品的交互"。人与产品的交互，分为工具性（仪器性）交互，非工具性（非仪器性）交互和非物理性交互。

1. 工具性（仪器性）交互

是指人在操作使用（仪器类）产品时与产品发生的交互行为。例如，用户操作电脑键盘；控制汽车方向盘；调节汽车变速箱；手机拨号等。

2. 非工具性（非仪器性）交互

是指那些与实现产品某个特定的功能无关的交互行为。比如，抚摸产品的表面、拿捏摆弄产品外壳等。

3. 非物理性交互

是指人的想象、情感和回忆在与产品交互时，或交互之后可能产生的或产生过的结果。例如，当用户尚未使用一辆新型山地自行车之前，他可能会憧憬对操作这辆新型山地自行车的结果：明天可以骑上这辆新型山地自行车，狂奔在乡间小道上；再如，某位姑娘捧着自己被摔坏的心爱的父母赠送的手机时，会因想起平日伴她左右的幸福时光和父母的爱而落泪。

从人与产品交互的过程来看，可简单地分为三个阶段。

第一是购买前阶段，即潜在消费者是通过产品广告及营销宣传所传达的产品信息与产品进行交互。

第二是购买阶段，即消费者是在产品零售点通过销售人员的讲解服务或试用与产品进行交互。

第三是购买后阶段，即用户通过反复使用或与他人分享讨论产品等，与产品进行的交互。

由于人与产品交互概念范围的扩展，这里所说的产品体验设计也相应地扩展成为一个全面的体验概念，不仅是指产品本身的设计，同时还包括产品系统设计、服务设计、广告设计、营销设计。

松下电器推出的智能照明 APP，用户通过手机便捷地控制家庭内松下照明灯具的亮度、色彩等，将喜欢的照明广度、色彩搭配作为场景保存，一键控制所有灯具，通过灯光控制不仅可以营造氛围，而且可以节约能耗。

照明对于人的情绪生活质量、对空间的感知观点有着直接的影响，除了用来改善室内空间的照明质量、营造和谐氛围外，也渐渐转为功能化应用，对室内各个区域的灯光进行智能控制，在不同时段设置不同模式的灯光，实现舒适与节能一体化的灯光环境。新的时代，仅是巧妙用光就可以左右人的生物本能，如何融入照明设计，降低照明能耗、节约能源、环保舒适，是新时代照明的一大议题。

第三节 产品综合造型设计创新

一、产品综合造型设计创新的方法

产品综合造型设计创新的方法较多，以下仅介绍三种以供参考。

（一）观察的手法

在观察对象时，创作者需要关注对象的局部、现状和外部特征，以及对象的动态发展和内部影响因素。例如，通过观察，发现树是由根、干、茎、叶、枝等系统部件组成。这些部件的变化和差异来源于树内部的材质制约，树种和树的不同部位都会引起树本身的系统差异。当然，除了这些内因问题，同时还会受到环境、气候、时间、土壤等诸多外部因素的影响。利用一组看似没有任何联系的元素，通过艺术的设计思维加工，进行打散、重组等手段，完成一幅具有较好视觉美感的艺术作品。

在观察过程中，创作者通过局部与局部比较、整体与局部比较、个体与同类比较、不同阶段的比较，这种多层面多角度的观察方法，可更好地发现事物的本质特征。同时，创作者要从全局观察，善于联系和归纳。以育儿袋为例进行分析。该产品设计初期需要通过桌面调研，收集大量与袋鼠相关的图片及文字资料，研究和观察袋鼠的形态特征、生物特征、生活习性等。通过对目前市场上的相关产品展开调研，产生运用袋鼠的形态、结构等设计仿生的优秀产品——育儿袋的创意。

（二）有效整合产品构成元素

从狭义上说，可以运用"格式塔"规则有效地整合产品构成元素或产品的形态特征。

产品的形态特征与交互功能密切相关，使用这些规则能把他们从视觉上组合起来，以便更好地与人交互、供人使用。

首先，运用"近似"的规则可以使功能相关的按键从视觉形态特征上相互关联。电源开关键尽量靠近荧屏，使它的视觉效果更直观、更明显，从而达到比较容易识别的功效。其次，运用"延续"的规则重新调整按键的序列。储存（STO）、重呼（RCL）和功能

（FCN）键可紧靠在数字键上方，采用下行箭头形态。发送（SND）和结束（END）键可紧靠在数字键下方，采用上行箭头形态，使之产生关联性。由此可见，在具体的设计中采用"格式塔"规则能使设计在形态上更有目的性。视觉形式中的"协调"感也可归入"格式塔"规则。严格来说，"协调"不是"格式塔"心理学家们制定的。但是它是与视觉的"简约"规则相关的视觉式样。因此，"视觉协调性"也可归入"格式塔"规则来讨论。更具体地会在形式美中讲解。

可以想象一下，当人们的视觉从一件产品中发现了一种特别类型的几何形式，如果该几何形式被重复出现，就将会在产品中把它们联系起来，这就是由于"类似"的规则。由直觉可知，相同的形状多次重复会产生一种比不同形状多次重复更棒的视觉"协调感"。

人们的视觉系统能自然地识别到这种现象。因此，视觉"协调性"符合"格式塔"的基本规则。在设计中，违背"格式塔"规则容易引起产品视觉上的支离破碎，缺乏美感，这样的现象在设计中出现很多。

（三）根据人机工程学进行创新

美国一位企业家的妻子患有关节炎，使用普通削皮器时，生理上既不便，心理上又因姿势别扭而感到自尊的损伤。这位企业家看在眼里，心里便有了"关注残障者的困难和自尊是文明的呼唤，应该为残障者开发适用产品"的想法。

某些产品开发中蕴含大量的人机工程研究：关节炎患者使用削皮器的动作与普通人有什么不同？怎样避免使用中的不适？研究后采用了大尺寸的椭圆截面手柄，前端两侧有鳍形刻槽，使食指和拇指触觉舒适，抓握自然，控制便利。采用的合成弹性氯丁橡胶，在表面沾水时仍有足够的摩擦力，还可以在洗碗机里清洗。手柄尾部有大直径的埋头孔，用于悬挂，也改变了削皮器整体笨重的形象而增加了美感。

二、产品综合造型设计创新训练

（一）形的审视

运用手与眼的配合，把握形态变化过程的度。训练对造型的敏感度，通过动手把握和用眼审视体会形态细微变化的异同，培养对造型审美的感受能力和对造型的统一与变化、规律与韵律、严谨与生动的把握能力。

第一，用纸板或其他易切割的板材，做 70 片左右类等高线形截面，并呈一定逻辑递变，然后将这些截面按 10 毫米间隔排列起来，要求相邻的截面变化呈逻辑递增或递减。

将这 10 片左右截面组成整体，做水平 360°旋转时，都要呈现不同形态（类似有机生物的形态），该练习也可用胶泥代替板材进行设计，要求同上。

第二，用 A4 复印纸若干，折叠、粘贴或扦插成 30 厘米×30 厘米×30 厘米左右的不规则空间形态，置于桌面，做水平 360°旋转观察。要求从任意角度看都不相同。

第三，任选两件不相同的物体，要求在意义上应有一定关联。在这两个形态之间，做出两三个中间过渡阶梯形态，使两个选定形态通过中间的两三个形态变化，得以逻辑性、等量感地过渡。

应注意以下几点：一是在服从整个形体特征的前提下，调整各个截面使之各不相同。

二是整体造型要在三维空间里有起伏跌宕，又要在变化中体现韵律，整体造型还要有视觉冲击。

三是首先要提炼两个形态的特征，弄清其意义上的关联；每两个形之间的变化既要向下一个形的方向演化，还要能有步骤地过渡到终极型：造型变化的度是推敲、揣摩的重点。

（二）形的支持

以研究材料力学性质为前提，通过结构设计发挥材料的力学特性，因势利导地造型，使材性、构性、型性和工艺性达到完美统一，并使设计的结构能支撑人们意想不到的质量。

设计者可通过观察和研究自然界中生物的支撑结构获得灵感，也可通过学习、研究古今中外人造物的支撑结构汲取养料。例如，草秆、竹茎、龟壳、哺乳动物的弓形脊柱等；柱梁、拱券、桁架、摩天楼、跨海大桥等。认识统一结构的构性和结构的形性的方法；理解材料力学与结构力学的整合是设计的关注要点；掌握学习、研究自然和生活的方法，使时时处处观察、分析、思考成为习惯。

第一，用复印纸黏结成形以支撑砖的质量：尽可能少地用纸，研究和试验纸的受力特征和力学缺陷，找出纸张被破坏的原因。设计纸结构，使组合成形的纸结构至少支撑起两块砖。

第二，用细铅丝扭结成 30 厘米高的形体，支撑至少两块砖的质量：尽可能少用铅丝，研究线性材料的受压特性、线性结构力学弱点以及被破坏原因，再运用线性材料垂直受力的结构形态，使不利受压和有利受拉的线材能承受较大的压力。

同时注意以下两点：一是纸的受力边缘与砖结合处的处理；长方形砖的重心与纸结构支承轴线的重合；理解纸的受力特点与面形材的受力规律的共性。

二是长方形砖的重心与细铅丝造型轴线的重合；细铅丝形的上下两个端面的面积适当；理解线性材料的受力规律。

第三，设计并制作一个有一定跨度的桥，根据选用的材料承受不同的质量。

一是用尽可能少的报纸黏结成形，设计 50 厘米跨度的结构，承受两块砖的质量。二是用尽可能少的一次性筷子和细棉线设计跨度为 60 厘米的结构，承受两块砖的质量。三是用尽可能少的薄白铁皮成形，放置在 80 厘米跨度间，承受自身的质量。四是进行支撑的心理感受训练，分析和联想自然或生活中常见的现象

注意：研究线材、板材的受力特征和分析材料的受压、受拉结构形态规律；学习并理解拱桥、桁架、悬索等结构原理和规律以及结构节点的细节处理要点；同时，认识材料成形原理、工艺特征和结构与造型统一的设计规律，学会合理、繁简、经济、审美的协调是设计的灵魂。

还要注意此练习的目的是训练设计者理解造型对人心理感受的作用，训练在理解基础上通过联想造型，培养用形态语言和结构影响人心理感受的能力。

（三）形的过渡

形的过渡有方形与圆形、方形与三角形、圆形与三角形的相互过渡，这三组过渡所含的三种基本形态——方、圆、三角可以在二维柱体或三维块形之间进行处理，但要求其过渡的原理、联想或创意是自然界或社会生活中易被识别、理解的现象和本质。

设计者可自行设定过渡连接的部位，但三组过渡的结构形式和连接方式要有统一的原则。可选一种材料，也可综合不同的材料，但不同材料的加工工艺、连接方式、造型特征等都要符合该材料的性质。作为最纯粹的三种形体，方、圆、三角分别代表了三种不同的情感，也是早期工业化生产中最容易实现的三个形态。正所谓万变不离其宗，联想和创意是设计的基本功。

（四）形的组合

形的组合是指用相同的单位形，以不同的数量、相同的组合方式，构成独立形态的

方法。

首先研究正多面体的几何特性，它是一个中心对称的形体，可以是正四面体、正六面体或球体；然后思考多种分割成若干相同单元的可能性，该分割可以是相互穿插的或者相互连接的。

注意：由这些相同的单元组合后的正多面体应是稳定的、结实的（其力学结构是合理的，不仅是整体，其外缘的任意点、角、边棱和面受外力后都能传递到整个结构来承担）；制作单元的材料可以是线材、板材、块材，也可混合用材；所谓线材、板材、块材，可是铅丝、钢丝、绳、棉线、木条、塑料管、铁管、纸板、薄铁板、塑料板、胶合板、木块、泡沫塑料块等；单元的成形工艺要合理；单元的组合方式和顺序也要合理、简便，组成的正多面体不仅要稳定、结实，还应是比例协调、虚实相间、色质与肌理兼顾的；通过此作业，学生能建立起评价设计的标准，形成对设计的全面认识，实践并理解造型是对材料、工艺、结构优势互补和整合的结果。

第六章 产品设计的功能与品质创新

第一节 产品的功能设计

一、产品功能的释义

功能是一个正在发展中的概念，具有模糊性和可扩展性。就产品而言，功能是指产品的用途、使用价值和目的。以满足用户需求为目的，既符合行为学的观点，也符合系统学的观点。简而言之，产品的功能确定了产品存在的目的和价值。

比如说，"门"作为一种家具产品，一定是人们用来达到某种目的的工具。它具有什么用途呢？我们可以观察到门的使用状况：人关上门，门起到了隔绝外界环境的作用；打开门，门又起到了沟通空间的作用，那么，我们就说"控制空间的闭合或开放"是门的使用目的。门的作用在于灵活地封闭或打开使用者所需要的空间，这也是"门"作为产品的功能，这一功能的彰显和人的行为结果密不可分。

事实上，在我们的生活环境中，几乎每事每物，有形或无形，都具备单一或多样的功能：火有加热食物的功能，衣服有遮蔽身体的功能……但如果没有功能的对象、目的和结果，我们很难发现火、衣服这些物质或现象具有什么功能。因此，所谓功能，必须结合特定的对象、行为、目的，在一定的语境之内，才能被准确描述。在描述产品功能时，我们可以将"产品"看作是主语，"行为"是谓语，"对象"是宾语，最终是产品所要达到的目的。例如，"电热壶加热水"，是为了让人喝到开水。

二、产品功能的由来

"功能"的概念来自人类对工业产品的认识和定义。但是，我们却可以在原始的劳动工具中发现此概念的来源。在漫长的历史长河中，功能的设计经历了模仿、超越、扩充，直至抽象和理论化的过程，分别适应着原始社会、农业社会、工业社会和信息社会的生产方式，与手工业生产、机械化生产、自动化生产等手段相匹配。

原始工具的制造过程基本上是指人类如何在发现、发展的基础上，运用经验去复制和模仿自然物的功能。生存需求是原始人制造工具的最大动力。我们推想，抗击野兽，分食坚硬的果实……这些都是原始人类为了维持生存而必须进行的活动，但是，自然界并没有提供从事这些活动的天然工具。在长期的生活经验中，人们发现不同形状、不同重量的石片、石块能够用来打砸野兽，挖凿泥土，砸开果实。这些拣选来的天然工具被保存起来多次使用，当需要更多工具的时候，人们开始制造工具。从旧石器时代遗留下来的石器器形来看，越早的石器，与天然石块的区别越小。这批石器通过模仿形状而承袭了天然石块的功能，成为人们用来谋生的最初级的人造工具。

当狩猎和劳作经验逐渐丰富，人们发明出更高级的石器加工方法。新石器时代的石器普遍采用了磨制手段，刃部更锋利，手把更为厚实。这个事实说明人们已通过思维认识了抽象的"功能"，并能从功能的要求出发，去制造更具使用性的器物。这些石器的形态更为规范，使用更有效，与天然石块已经有了质的区别。

随着人类思维、工艺水平的提高，人们开始完善和装饰具有功能的产品。造型对称、表面光滑，这些因素不再只是出于功能的要求，而有了审美需求的驱动。比如新石器时代的陶器，器形开始强调美，而且有了红与黑的配色，有了装饰图案。再比如青铜器，从商周社会开始，青铜器雄浑威武的体量、狰狞的兽纹、成套的规模，已经远远超越了对容器使用功能的需求。随着祭祀、巫祝等文化活动的深度展开，纯粹的实用功能已经不足以左右产品的形态和结构，精神功能的元素已经融入了人类的造型意识。产品的形式从此超越了实用功能因素，在"用"的基础上强调"美"，强调拥有者的身份、强调材料的成形可能。

"用"与"美"真正显露出各自的特质，是在19世纪初，西方社会进入工业社会之后，设计与制造的分工逐渐明确之时。在这一时期，大批的艺术家加入家具、建筑、日用品等方面的设计活动中，出现了两种完全不同的产品造型倾向。一种是繁复华丽的装饰纹样的登峰造极——洛可可及古典浪漫主义、折中主义等各类装饰元素被不加节制地应用在日用品的形体上，与之相应的是高昂的制造成本和产品的小批量化、贵族化。同时，另一种倾向是机器代替人力大规模地生产出廉价的产品，但因受到当时加工技术的限制，生产出的产品以几何形态为主，这与当时的审美观截然不同。传统的装饰手段无法与机器的生产方式相适应：一方面，虚华、夸张的装饰妨害了实用功能的可靠性；另一方面，线条僵硬、粗陋的机制产品缺乏应有的美感，这使得"用"与"美"之间的矛盾凸显。

对形态敏感的建筑师、艺术家首先发现了这个问题。以英国"工艺美术运动"为代表的设计师曾尝试引导回到手工艺生产的方式和标准，以解决日用产品的造型问题，但这种逆势而动的努力最终遭到了失败。之后，人们面对现实，在接受机器的造型语言的基础上，旗帜鲜明地提出了"形式服从功能"的口号，试图将不和谐的装饰因素摒弃在产品之外。

20世纪初，功能主义的设计思想在德国得到系统发展，并最终成为20世纪的正统主流设计思想。工业时代的特征是机械化大生产，因此，几何形式美就成为功能主义的美学观点，"外形跟随功能"，也就是艺术与技术结合。功能主义的设计强调造型必须符合功能需要，设计师不能将之视为个人感性的艺术发挥，必须熟悉加工工艺，设计出标准化并能够大批量生产的产品，以满足多数人的需要和国际市场的竞争。奉行功能主义的产品造型简约、严谨，同时具有成本低、质量高的特点。这样，人们在装饰与功能的矛盾中确认了功能，并认为只有理性的功能主义才是解决问题的唯一手段，产品设计应该以功能主义为宗旨，应该以实现可用性功能为唯一目标。

然而，当功能主义演变为席卷全球的"国际主义"时，当电子产品开始大规模出现时，对"功能"的绝对认同面临着严峻的挑战。首先，功能主义的产品造型都非常理性、冷漠，基本上是"方盒子"的世界，缺少个性和意趣的产品无法给人以相应的愉悦感；其次，对于电子类产品来说，形式根本无法跟随其功能，电路板在方盒子里的功能系统运作对使用者而言是个"黑箱"；再次，产品的同质化减弱了人们的消费欲望。人们意识到功能主义设计思想并不是无懈可击，因为这些问题都无法用"形式跟随功能"来解决。同时，人们对当时以"孟菲斯"和"后现代主义"为代表的一些反对功能主义的先锋设计普遍感到新奇、有趣，斯堪的纳维亚设计风格中充满温情的有机线条和产品使用时的愉悦感，给人们留下了深刻而良好的印象。对冰冷的产品感到厌倦后，装饰的元素再次回到了工业产品的设计中，而且意义非凡。

经过反思的设计家们发现，"功能主义"固然不是错误的理论，但对"功能"的定义却已经不能只停留在"实用"的范围，而应当以满足用户需要，实现用户的使用目的或购买目的为出发点，发展为"有意义的功能"。所谓"有意义的功能"，就是不但要重视人的精神需要、操作需要，还必须重视产品的差异化和符号化。新的设计思想在"消费心理学""人机工程学""产品语义学"等边缘学科的支撑下有了较为完整的创新可能,功能主义概念得到了补充和完善。人们将原来对产品"功能"的关注转向了对用户使用行为的研究,以挖掘出真正的功能——用户对产品的价值要求,既包括物质价值,也包括精神价值。这样,在"功能"的概念被扩充的基础上,形式不仅服从功能,而且成全了"功能"。

三、产品的功能设定

(一) 功能设定的释义

产品设计是一项掺杂着理性和感性的创作活动,其理性因素的表现之一,就是产品的功能构架必然是一个有机的整体。美国工程师麦尔斯(Miles)在进行价值工程研究中得出一个结论:"顾客购买的不是产品本身,而是产品所具有的功能。"从那时起,对功能进行设计的思想成为设计学的重要概念,为了与"产品设计"的整体概念有所区别,我们习惯将功能的设计和构架称为"功能设定",它是产品定位的重要组成部分。经过设定后的功能系统,其中的每一个部分都可以折射到产品相应的部件、材料、工序或者操作方法上。所以,在功能设定的过程中,既要对产品的总体下定义,也要对相关的部件下定义,并要定位每个部件在整个系统中的位置和关系。

如果将功能设定系统和真实的产品结构相比较,可以发现,功能设定具有抽象性、模糊性和可拓展性等特征,这与真正的产品结构系统有一定的距离,因此,功能设定是一个较为弹性的设计过程,可无限深入,也可即时归纳。

(二) 功能设定的作用

作为产品的核心要素,功能的创新是产品创新的基础。那么,功能设定环节对于完整的产品设计流程的作用是不言而喻的。

1. 定位准确

要明确设计目标,准确定位产品的设计方向。产品设计的目的就是帮助消费者解决生产、生活中的问题,只有在设计目标确立之后,如何达到目的才能成为设计师关注的重点。设计是需要规划和引导的,设计师在设计过程中如果不了解产品最终的使用者是谁;使用者为什么使用、购买产品;使用者对产品有怎样的需求;使用者的需求是否可以被满足、被实现等相关信息,设计师就无法进行设计,也无法保证设计方案的有效性和可行性。

2. 激发创意

激发创意，便于提出富有成效的设计方案。产品的物质形式使人们习惯了接受它的外观存在而忽略了其功能载体的本质。人们对长期使用或看到的事物容易产生惯性思维，认为某类产品就是或只能是现在的样子，而不去思考产品为什么会是这个样子；为了实现同样的目的，产品是否还能够是其他样子；是否有更好的方式来解决问题等。以水杯为例，我们真的了解这种产品吗？我们能够从众多的容器中找到杯子，但并不一定知道如何区分的以及为什么会这样区分。大多数水杯都有把手，这一形象已牢牢地印在了许多学生的脑海中，在初次设计水杯时，他们很习惯就为水杯安上了把手，而忽略了把手存在的原因。

例如：种类繁多的交通工具，其目的都是为了帮助人们从一个地点到达另一个地点。可是，人类本身就具有移动的能力，可以通过双脚的移动从一个地点到达另一个地点，如果我们仅认同或满足于这一种方式的话，设计的思维就会被限制，也就不会产生今日如此种类繁多的交通工具。

3. 引导与约束产品开发设计

引导与约束产品开发设计，保证其完整性。功能设定能够帮助设计师系统地掌握新产品设计概念，保证产品设计和开发的完整性。通过对功能系统全面地分析和完整地构建，对产品功能的抽象描述形成基本的功能系统框架，这个框架帮助设计师确定新产品的基本结构，并使之能够在放开思维的同时又顾全到产品的全局设计。通过对功能的具体分析、整理，设计师可从大量的功能中区分出它们之间的层次和归属关系，排列它们，并搞清它们是如何组成与产品结构相应的概念体系的。这个过程已经让设计师对每一个功能有了深刻的印象，不会遗漏任何细节的设计，也成就了该设计的全局设计理念。

（三）功能的分析

设计师在充分掌握用户的需求信息，并对用户的需求关系进行分析的情况下，进一步将需求转化为功能，对功能进行深入分析——即如何采用、设计相应的功能来满足用户的需求，是设计师要面对的实质性问题。

如果设计人员负责的只是简单、常用的工具、日用类产品的改良设计任务的话，凭借设计和生活经验，直接应对需求进行功能设计，在某些项目中是可行的。但是，在面对大型的、机械化、电子化产品的全新开发任务时，仅依靠经验的功能设计往往显得力不从心。而且，基本上所有的产品设计在凭借经验进行功能设计时，都会遇到思路狭窄、遗漏细节等问题，使功能的实现程度受限，或者成为伪功能——无法解决实际问题的功能；还有一种情况是所设计的功能在使用时给用户带来了更多的麻烦。这些问题都使用户的需求得不到真正的满足，使产品设计的成功比率大大降低。因此，对功能进行细致、深入的分析是保证设计成功的关键环节。

事实上，对所有产品开发人员而言，功能分析是前期设计的必要和重要过程。功能分析主要由定义功能、功能分类、功能分解等部分组成。

1. 定义功能的方法

定义功能是概念提取的过程，即在需求的基础上陈述如何解决问题和满足需求，并将这个陈述性语句概括成定义。解决同一个问题可能有很多种方法，但定义功能却需要将这些方法变成某种操作概念并加以确定。定义功能在功能设定过程中的作用主要是两个：一是为产品的整体功能下定义，决定整个产品存在的意义和目的，是设计前期一定要完成的，是不可以改变的；二是为产品的各个子功能下定义，决定各个子功能存在的意义和目的，其定义会随着设计的发展、变化而发生改变。

定义功能以层次性的抽象词汇概括了产品整体或部件的行为，并对其效用加以区分和限定，从而关联了产品的行为和功能。为了做到简明扼要，定义功能一般采用"两词法"，即用动词和宾语构成的词组来定义功能，如"显示时间""输入电流"等。如果要完整表达定义，则要加上行为的主语，即产品整体或某个部件，如"手表显示时间"或"指针显示时间刻度"。

只要认清了产品或部件的运作行为及其被作用的对象，就明确了它们的功能，即人们从行为空间到功能空间的映射过程中完成了对功能的理解。

定义功能的目的在于明确揭示产品的本质，尤其是动宾词组式的定义，可以忽略行为实施的主体，使设计师可以将注意力集中到产品的行为功能，从而脱离固定的结构或形式，寻找更多的、更好的功能实现方式。

产品各部件所承担的功能权重不同，实现方式也不尽相同，因此，需要加以分类，以便在做功能分析时区别对待。此外，功能的分类也有助于我们全面了解功能的定义，并掌握不同功能的表达方式，从而可以更有效地利用语言、图表和文字对相关功能进行确切、明了的定义。

由于用户需求的差异性、产品世界的丰富性，功能分类的立足点不一样，所以有如下分类：

（1）按照用户需求的性质，可分为使用功能和精神功能两大类别；（2）按照用户需求的满意度，可分为必要功能和不必要功能；（3）按照同一产品内功能的重要程度，可分为主体功能和附属功能；（4）按照实现功能的层次，可分为总功能、子功能和功能元。

不同的分类方法取决于对产品功能性质的定位，其立足点不同，即有不同的分类方式。在讨论产品的使用价值和审美价值时，很明显，我们应该将客户的需求向使用功能和精神功能两个不同的方向进行映射；当我们的目的在于建立功能之间的结构层次时，就应当将大大小小因需求而产生的功能罗列为总功能、子功能和功能元；当我们需要增加或减少某种功能时，首先就要将必要功能和不必要功能做一个清楚的归类。

2. 功能的分类

（1）使用功能

使用功能是指产品在物质使用方面能否满足人们的需要，如产品的操作是否方便，能否高效，维修、运输是否方便、安全等，也可称为"实用功能"或"物质功能"。

（2）精神功能

精神功能也可以称为心理功能，这种功能影响使用者的主观意识和心理感受。精神功能带有情感化的特征，并通过其界面语义来传达一定的文化内涵，体现时代感和精神上的价值取向。使用者往往通过产品的样式、造型、质感、色彩等产生不同感觉，如豪华感、现代感、技术感、美感等，这些感觉加深了需求被满足的心理体验。法国著名符号学家皮埃尔·杰罗（Pierre Gero）曾经提出，在很多情况下，人们并不是购买具体的物品，而是在寻求潮流、青春和成功的象征。这就是工业产品设计要兼顾精神功能的原因。

概括来说，精神功能主要包括如下因素。

审美因素：产品的设计美主要考虑功能美、技术美、形态美和材质美等方面，千万不要将产品的审美因素简单地认为就只是产品的外观。产品设计不只是功能性的满足，还要满足人的心理性的欲求与愿望；同时，产品也不只是机能与造型的设计，还可能有声音、气味、温度等感官体验需要被满足。

认知功能：认知功能在信息产品设计中显得尤其重要，通常表现为产品的操作界面，按钮、图标以及其他功能键的设计充分符合用户的认知习惯。

象征功能：即通过产品的外观、品牌等方面的设计，以达到显示使用者地位、品位等方面的作用。

分解使用功能和精神功能的作用：使用功能和精神功能的分解并不是绝对的，任何产品都有其双重的功能需求，产品本身就是综合需求的产物。在具体的产品中，更多的产品集使用功能、认知功能和审美功能为一身。功能之间是互相联系的，而不能截然割裂。然而，在设计前期对产品的使用功能和精神功能加以权衡又必不可少。至于两者在产品设计中的权重比例，往往根据产品的综合功能及最终目的来决定。例如，灯具的设计必然是为了满足人们对光的需求，但不同的灯具，满足的需求是不同的。工作台灯的主要功能是满足使用者工作时的照明需求，强调产品的使用功能；而室内的各种装饰灯具则是为了营造空间氛围，以照明功能为辅，强调产品的精神功能。

两者的分解有助于设计师对产品功能的定义更加明确，更加直接；能够让设计者清楚地了解、把握设计的方向，对具体的设计流程做出相应的调整。例如现在国内很多行业的产品处在同质化的时期，企业、设计公司等需要进行大量的产品改型的设计项目以赢得市场。这些项目要求设计者在不改变产品原有功能、结构原理的基础上，对产品的外观进行修改，那么，在这样的设计要求下，设计的流程必然不一样。

（3）主体功能和附属功能

主体功能指与产品的使用目的直接相关的功能，对于使用者来说，这是产品必备的基本功能。主体功能相对稳定，不会出现大幅度的变化，如果主体功能发生变化，产品的性质就要随之发生改变。如沙发床，由于在原来以"坐"为主体功能的基础上增加了"睡"的功能，使得产品的性质发生了改变，使用者需要的是两个功能并存的产品，缺一不可。我们很难定义产品到底是沙发还是床，因此就有了"沙发床"这一新的名词。

附属功能是辅助主体功能的功能，但有时也是消费者选择产品时的重要因素。附属功能往往是多变的。

附属功能有时对主体功能起到辅助的作用，有时则具备完全独立的功能，有时甚至会失去"附属"的性质而无法分清主要功能与附属功能的关系。如带收音机的闹钟。

（4）必要功能和不必要功能

产品的必要功能与不必要功能之间的关系是动态的、相对的。当使用者的需求发生变化时，两者会发生相应的转化。在对同类产品的调研中，对现有产品功能应进行必要性分析。根据使用者的满意度，可将产品分类成功能不足的、功能过剩的和功能适度的产品。在设计实务中，除分析、明确产品功能的主次关系外，保留原有产品的必要功能，剔除不必要的功能，弥补现有产品功能的不足也是非常重要的。

①功能不足

功能不足是指必要功能没有达到预定的目标。功能不足的原因是多方面的，如因结构不合理、选材不合理而造成强度不足，可靠性、安全性、耐用性不够等。其次，使用者对于功能的需求在不断变化，同一产品的功能会随着时代的改变、技术的革新、人们需求的变化而发生变化。例如，铅笔作为书写工具的一种，因为其可重复擦写的特点，一直被我们沿用至今。在长期的使用过程中，人们发现了原有产品的许多不足之处，并衍生出了许多不同的产品。如人们为了避免削铅笔的麻烦，设计出了自动铅笔。又如，随着各种考试中答题卡的出现，人们需要在短时间内用2B铅笔精确填满上百的细小格子，这使得现有的所有铅笔都显得功能不足。为解决原有产品出现问题，满足使用者新的需求，国内就出现了专门为填写答题卡而设计的自动铅笔。设计者保留了原有自动铅笔的结构原理，将笔芯的切面由原来的圆形改为与答题卡中格子宽度相近的矩形，使得用户一次就可以填满答题卡的格子。笔者在一次考试中曾使用过一次，的确比传统的铅笔方便了很多。

②功能过剩

功能过剩是指产品的功能超出了需求，成为不必要功能。功能过剩又可分为功能内容过剩和功能水平过剩。功能内容过剩，指附属功能多余或使用率不高而成为不必要的功能。如录像机的主要功能是录像和放像，而编辑、定时、卡拉OK等诸多功能为附属功能。对于某些使用者来说，这些附属功能是不必要的。功能水平过剩——为实现必要功能的目的，在安全性、可靠性等方面采用了过高的指标。在功能分析、设定的过程中，必须将不必要的、过剩的功能删除。

③功能适度

功能适度是指产品的功能符合用户的需求，产品功能的设定不多不少，适度地满足了用户的需求。但功能适度是动态的，它会随着需求的变化而变化，这要求设计师需要随时关注用户需求的变化。例如，简化功能后的傻瓜相机的出现无疑帮助许多人实现了拍照的梦想，也使得"摄影"成为极为大众化的活动。但是，最初的只有一个快门键的傻瓜相机的定焦设计，在简化操作后，也给使用者带来了不便。随着人们使用需求的提高，没有焦距变化功能的设计明显不能满足用户的需求，老产品的功能也就显得不足了。其实，即使是现在市场上的产品还是有许多功能上的不足，例如，现有的非专业相机在自拍时非常不方便：要么请他人帮助（经常是不认识的人），要么背着沉重的三脚架（这与轻巧的非专业相机设计不符）。非专业相机轻巧的设计，却使抓拍变得很难，等等，这些问题，都需要相应的新功能去实现。人们需求的变化，成为不断改良的动力。

许多学习者在进行产品设计时，习惯为新产品增加功能，做加法式的设计，这是因为缺少对功能必要性的考虑。在对功能必要性进行分析后，我们会发现，很多产品更需要做的是减法式的设计，其作用如下：

a. 降低产品的成本

有时候，产品功能的增减仅仅是成本因素所造成的。在删减某些功能时，并不是因为用户对这些功能没有需求，而是因为过多的功能会增加产品的成本。一个便宜的但能够无线通话的手机也许就是低收入消费者不错的选择。

b. 降低产品操作的难度

多功能的设计往往会增加产品的操作难度，对于接受能力和学习能力较弱的儿童或老年人，设计、操作较为复杂的产品必然不是他们的首选。

c. 追求简洁设计风格产品

对于追求简洁设计风格的产品，过多的附加功能是不适合的。

d. 符合特殊使用者的需求

例如，针对视障人群设计的手机，由于使用群体生理的特殊性——视力障碍，传统手机所具备的屏幕显示功能或视觉显示的功能（如按键提示灯）不再需要，因而在新的产品中被删除。如果我们将传统手机的屏幕显示功能目的化，不难发现其目的是让使用者知道手机输入或输出的信息，如拨打的号码或接受的信息等，而屏幕显示不过是一种视觉显示的手段。那么，"让使用者知道手机输入或输出的信息"这一功能的需求在针对视障人群设计的手机中也应得到满足。

3. 功能分解

功能分解是把功能从产品及其部件中抽象出来，将产品各个部件的明细变为功能明细，进而对产品的功能进行分解，以寻求完成目标功能的实施方法。多数产品都是由不同部件组成的，为了实现一个功能，往往需要多个功能元件和步骤，那么，产品的整体功能也需要由各个部件相互协调、共同完成。

功能分解既可以用于对现有产品的分析，也可以应用在设计过程中，是从功能概念向设计实现转化的重要一步。从功能的分解可以清晰地看出设计者的思路——设计者如何通过各个元件的设计或组合来实现各个不同的功能，又如何处理产品各个不同的功能之间的关系来实现最终的整体功能，达到满足用户需求的目的。功能分解在设计过程中的作用如下：

第一，功能分解的方法可以用来改变一个产品的体系结构或者用来产生新的解决产品功能的方案。

第二，功能分解是处理复杂问题的首选方法，能够让设计师系统地、完整地进行项目的设计。

第三，功能分解可以帮助我们理解现有的产品。某些技术原理的运用，可以通过对产品部件的拆除进行分析和研究，使我们获得对产品复杂性和操作的深刻认识。

功能分解可图示为树状的功能结构，称为功能树或功能系统图。功能树起于总功能，逐级进行分解，其末端为功能元。根据产品开发的范围和深度，功能系统图有简单与复杂之分。

功能系统图中各部分的关系和定义如下。

（1）功能级别

功能级别的划分是依据功能与整体功能相隔的功能数来定的，它反映了各级功能与整体功能关系的紧密程度。比如，缝纫机的综合功能是"缝纫"，而要实现"缝纫"，现有大多数产品将其分解为"刺布""挑针""钩线"和"送布"四个子功能，从而完成其总功能。从产品结构的观点来看，产品整体往往是综合功能的承载者，而子功能往往是产品各组成部分（零部件）所负载的具体功能。由于系统组织的层次性，子功能可以进一步分解，直到功能元为止。所谓功能元，就是指产品功能的最基本单位，处于整个功能分解的最底层。

（2）功能区

功能区是指由目的功能和实现这一目的功能的直接和间接手段功能组成的功能区域。整个功能系统图是一个大功能区，它由若干个小功能区组成。

（3）目的功能与手段功能

产品总功能可以分解为各项子功能，子功能可以分解为目的功能和手段功能。目的与手段的关系是相对的。目的功能就自己实现的另一目的功能来说，又是手段功能；手段功能就实现自己的另一手段来说，又是目的功能。

（4）上位功能与下位功能

上位功能与下位功能是目的功能与手段功能的代名词。它们之间的区别在于：目的功能与手段功能强调功能本身的目的与手段之间的关系，而上位功能与下位功能强调目的功能与手段功能在系统图上的位置关系。在前面的功能系统图，上位功能居左，下位功能居右，两者相差一级。具有同一上位功能的多个下位功能称为同位功能。

（5）中间功能与末位功能

既有手段功能又有目的功能称为中间功能，只有目的功能没有手段功能称为末位功能。

功能分解可以通过功能系统图来表现，其主要表现形式有以下两种类型。

①结构式功能系统图

从产品整体、部件、组件直至零件进行逐级功能定义，然后依据相互间的目的手段关系和同位并列关系将各功能连接起来。这种连接方式由于功能区与产品、部件、组件结构完全对应，故把以这种方式建立起的功能系统图称为结构式功能系统图。

②原理式功能系统图

原理式功能系统图是指围绕产品整体功能的实现，以产品工作原理为内容，从抽象到具体逐级定义出中间功能，并根据目的手段关系和同位并列关系把零件或非解部件（不分解到零件进行功能定义的部件）的功能作为末位功能，分级分区地连接起来所构成的功能系统图。

（四）功能的设定原则与表现形式

1. 功能的设计原则

功能的设定原则主要体现在以下几个方面。

（1）产品的功能设定要符合产品的定位，要与用户的需求相一致。（2）设定的各个子功能要与整体功能的设定相一致。（3）产品功能的设定要能够量化。以照明产品为例，设计者需要明确、量化产品的功能照明的亮度、照明的范围、照明的使用时间跨度、照明的亮度是否需要调节以及调节的级数等。（4）产品功能的设定要完整、明确。首先，要明确各功能之间的关系；其次，要明确功能设计的重点，即设计点或产品的卖点。有时，新产品的设计点或产品的卖点并不一定是产品的整体功能，而是实现整体功能中的某个子功能或是产品的附属功能，却是设计者在设计时需要投入主要精力的部分。明确功能设计的重点，能够使设计者分配好设计精力的投入。例如，手电是能够随身携带的照明用具，其功能是照明。大部分手电只在急需时使用，而其内部的电池在长久不用时就会废置，既浪费，又会带来环保方面的隐患。"永久手电"，其核心功能是利用电磁力原理将动能转换为电能，人们只需要摇动电池手柄半分钟，机械能就能转换为电能，并提供5分钟的照明。

而如果你摇动 5 分钟后，它将能提供整个夜晚的照明。这样，电池装卸的环节被轻而易举地省略，并解决了电池废弃所带来的环境污染问题。

2. 功能设定的表现形式

功能设定的表现是对调查、分析结果的表达，文字描述、图表形式表达、图文兼备甚至是动态的表达都是可以的。由于产品的功能系统设定的关系较为复杂，最好能够采用文字与图表结合的形式来表达，这样能够使表达的条理更为清晰，如功能系统图。在设计的不同阶段有不同的表达方式，并可以根据具体的项目和设计者的习惯来自行选择与调整。

另外，产品说明书也是表现产品功能设定的一种形式，它清晰地向用户讲解了产品的操作原理，并将所有与用户操作相关的功能和设定详细地描述出来。仔细观察、阅读身边产品的各种说明书，对产品功能的设定就会有更深的了解。

第二节　产品开发设计与品质改良

坚持产品品质，是产品设计的核心。产品品种对于企业的重要性不言而喻，不注重产品品质，最终会寸步难行，功亏一篑。功能是产品的核心要素，它决定着产品以及整个系统的意义，产品的其他要素要服务于功能，并为实现功能而存在。

一、产品开发设计

产品开发设计是指从研究选择适应市场需要的产品开始到产品设计、工艺制造设计，直到投入正常生产的一系列决策过程。

（一）产品开发设计的主体

产品开发是一项跨学科的活动，它需要企业几乎所有职能部门的参与。然而，以下三种职能在产品开发项目中处于核心地位。

1. 市场营销

市场营销职能协调着企业与顾客之间的关系。营销往往有助于识别产品机会、确定细分市场、识别顾客需求。营销还可加强企业与顾客之间的沟通、设定目标价格、监督产品的发布和推广工作。

2. 设计

设计职能在确定产品的物理形式以最好地满足顾客的需求方面发挥着重要作用。

3. 制造

制造职能主要包括为生产产品而开展的生产系统的设计、运营和协调工作。广义的制造职能还包括采购、配送和安装。这一系列的活动有时也称为供应链（supply chain）。

在这些职能中不同的个人通常在某些领域（市场调研、机械工程、电子工程、材料科学或制造运营）接受过专门培训。新产品的开发过程通常也会涉及财务、销售等其他辅助职能。除了这些广泛的职能类别，一个开发团队的具体组成还取决于产品的具体特性。

很少有产品是由一个人单独开发的。开发一个产品的所有个人的集合组成了项目团队（project team）。这个团队通常有一个团队领导，他可能从企业的任何职能部门中被抽调出来。这个团队可以由一个核心团队（core team）和一个扩展团队（extend team）组成。为了高效地协同工作，核心团队通常保持较小的规模，而扩展团队可能包含几十、几百甚至上千个成员。（虽然"团队"这个术语不适合数千人的群体，但是在这里我们还是用了这个词，以此强调一个群体必须为一个共同的目标而工作）在大多数情况下，企业内部的团队将获得来自伙伴公司、供应商和咨询公司中个人或团队的支持。例如，在一种新型飞机开发中，外部团队成员的数量可能比出现在最终产品上的公司内部团队数量更多。

（二）产品开发的周期与成本

大多数缺乏产品开发经验的人都会对产品开发所需的时间和资金感到吃惊。事实上，很少有产品能在一年内开发出来，很多产品开发需要3～5年的时间，有些甚至长达10年之久。

产品开发的成本大致与项目团队的人数和项目的持续时间成正比。除了开发成本，企业还要在生产所需的工具和设备方面进行投资。这部分花费往往占产品开发总预算的50%，但是，有时可以把这些成本视为生产中固定成本的一部分。

（三）产品开发的流程与组织

1. 产品开发的流程

一个流程就是一系列顺序执行的步骤，它们将一组输入转化为一组输出。大多数人比较熟悉物理流程，如烤蛋糕的流程或组装小汽车的流程。产品开发流程（product development process）是企业构想、设计产品，并使其商业化的一系列步骤或活动，它们大都是脑力的、有组织的活动，而非自然的活动。有些组织可以清晰界定并遵循一个详细的开发流程，而有些组织甚至不能准确描述其流程。此外，每个组织采用的流程与其他组织都会略有不同。实际上，同一企业对不同类型的开发项目也可能会采用不同的流程。

尽管如此，对开发流程进行准确地界定仍是非常有用的，原因如下。

（1）质量保证

开发流程确定了开发项目所经历的阶段，以及各阶段的检查点。若这些阶段和检查点的选择是明智的，那么，遵循开发流程就是保证产品质量的重要方法。

（2）协调

一个清晰的开发流程发挥着主计划（master plan）的作用，它规定了开发团队中每一个成员的角色。该计划会告诉团队成员何时需要他们做出贡献，以及与谁交换信息和材料。

（3）计划

开发流程包含了每个阶段相应的里程碑，这些里程碑的时间节点为整个开发项目的进度确定了框架。

（4）管理

开发流程是评估开发活动绩效的基准。通过将实际活动与已建立的流程进行比较，管理者可以找出可能出现问题的环节。

（5）改进

详细记录组织的开发流程及其结果，往往有助于识别改进的机会。

基本的产品开发流程包括六个阶段。该流程开始于规划阶段，该阶段将研究与技术开发活动联系起来。规划阶段的输出是项目的使命陈述，它是概念开发阶段的输入，也是开发团队的行动指南。产品开发流程的结果是产品发布，这时产品可在市场上购买。

产品开发流程的一种思路是首先建立一系列广泛的、可供选择的产品概念，随后缩小可选择范围，细化产品的规格，直到该产品可以可靠地、可重复地由生产系统进行生产。需要注意的是，尽管生产流程、市场营销计划以及其他有形输出会随着开发的进展而逐渐变化，但是，识别开发阶段的主要依据是产品的状态。

另一种产品开发流程的思路是将其作为一个信息处理系统。这个流程始于各种输入，如企业的目标、战略机会、可获得的技术、产品平台和生产系统等。各种活动处理开发信息，形成产品规格、概念和设计细节。当用来支持生产和销售所需的所有信息创建和传达时，开发流程也就结束了。

第三种思考方式是将开发流程作为一种风险管理系统。在产品开发的早期阶段，各种风险被识别并进行优先排序。在开发流程中，随着关键不确定性因素的消除和产品功能的验证，风险也随之降低。当产品开发流程完成时，团队对该产品能正常工作并被市场接受充满信心。

明确了在产品开发的每个发展阶段，组织不同职能部门的主要活动和责任。由于市场营销、设计和制造的角色贯穿整个开发流程，我们选择这三个角色进行详细阐述。其他职能部门（如研究、财务、现场服务和销售）在开发流程中的特定时间点也发挥了重要的作用。

基本产品开发流程为以下六个阶段：

第一，规划：规划活动通常被称为"零阶段"，因为它先于项目审批和实际产品开发流程的启动。这个阶段始于依据企业战略所做的机会识别，包括技术发展和市场目标评估。规划阶段的输出是该项目的使命陈述，详述产品目标市场、业务目标、关键假设和约束条件。

第二，概念开发：概念开发阶段识别了目标市场的需求，形成并评估了可选择产品的概念，然后选择出一个或多个概念进行进一步开发和测试。概念是对一个产品的形式、功能和特征的描述，通常伴随着一系列的规格说明、对竞争产品的分析以及项目的经济论证。

第三，系统设计：系统设计阶段包括产品架构（archiiecture）的界定，将产品分解为子系统、组件以及关键部件的初步设计。此阶段通常也会制订生产系统和最终装配的初始计划。此阶段的输出通常包括产品的几何布局、产品每个子系统的功能规格以及最终装配流程的初步流程图。

第四，详细设计：详细设计阶段包括了产品所有非标准部件的几何形状、材料、公差等的完整规格说明，以及从供应商那里购买的所有标准件的规格。这个阶段将编制工艺计划，并为即将在生产系统中制造的每个部件设计工具。此阶段的输出是产品的控制文档（control documenti on），包括描述每个部件几何形状和生产模具的图纸或计算机文件；外购部件的规格；产品制造和组装的流程计划。贯穿整个产品开发流程（尤其是详细设计阶段）的三个关键问题是材料选择、生产成本和稳健性（rbust）。

第五，测试与改进：测试与改进阶段涉及产品多个试生产版本的创建和评估。早期（alpha，α）原型样机通常由生产指向（production-intent）型部件构成，"生产指向型"部件是指那些与产品的生产版本有相同几何形状和材料属性，但又不必在实际生产流程中制造的部件。要对口原型进行测试，以确定该产品是否符合设计并满足关键的顾客需求。后期（beta，β）原型样机通常由目标生产流程提供的零部件构成，但装配过程可能与目标的最终装配流程不完全一致。β原型将进行广泛的内部评估，通常也被顾客在其使用环境中测试。β原型的目标通常是回答关于产品性能及可靠性的问题，以确定是否对最终产品进行必要的工程变更。

第六，试产扩量（production ramp-up）：在试产扩量（或称为生产爬坡）阶段，产品将通过目标生产系统制造出来。该阶段的目的是培训员工、解决生产流程中的遗留问题。该阶段生产出来的产品，有时会提供给目标顾客，并仔细评估以识别存在的缺陷。从试产扩量到正式生产的转变通常是渐进的。在这个转化过程中的某些点，该产品发布并广泛分销。项目后评估（postlaunch proiect review）可能在发布后的很短时间内进行，包括从商业和技术的视角评价项目，意在识别项目改进的途径。

2. 产品开发组织

除了精心编制一个有效的开发流程，成功的企业还必须组织其产品开发人员，有效地实施流程计划。以下将介绍几种用于产品开发的组织，并为如何选择提供指引。

（1）通过建立个人之间的联系形成组织

产品开发组织是一个将单个设计者和开发者联系起来成为团队的体系。个体之间的联系可以是正式的或非正式的，包括以下类型：

①报告关系

报告关系产生了传统的上下级关系，这是组织结构图上最常见的正式联系。

②财务安排

个体通过成为同一个财务实体的一部分联系在一起，如一个商业单元或公司的一个部门。

③物理布局

人们因共享办公室、楼层、建筑或场所而产生联系。这种联系产生于工作中的自然接触，因此常常是非正式的。

任何特定的个体都可能通过几种不同的方式与其他个体联系在一起。例如一个工程师可能会通过报告关系与另一座大楼里的另一个工程师联系在一起，同时他通过物理布局与坐在隔壁办公室的一个市场营销人员相联系。最强的组织联系通常是那些涉及绩效评估、预算和其他资源分配的联系。

（2）依据职能和项目之间的联系形成组织

如果不考虑组织之间的联系，个人可通过两种不同的方式进行分类：根据其职能或根据其工作的项目。

①职能（在组织术语中）指的是一个责任范围，通常涉及专业化的教育、培训或经验。产品开发组织中，传统的职能为市场营销、设计和制造。比这些更精细的划分还包括市场研究、市场策略、应力分析、工业设计、人因工程、流程开发和运营管理。②无论职能如何，每个人都会把他们的专业知识应用到具体的项目中。产品开发中，项目就是一个特定产品开发流程中的一系列活动，如识别顾客需求、生成产品概念。

注意：这两个分类一定是有重叠的，来自不同职能部门的人将在同一项目工作。此外，虽然大多数人都只与一个职能相关，但他们可以为多个项目工作。依据职能或项目之间的组织联系，形成了两种传统的组织结构：在职能式组织（functional organization）中，组织中的联系主要产生于执行相似职能的人之间；在项目式组织（project organization）中，组织联系主要产生于在同一个项目工作的人之间。

例如，严格的职能式组织可能包括一组市场营销专业人员，他们共享相似的培训和专业知识。这些人都向同一个经理报告，这个经理将对他们进行评估并设定他们的薪酬。这组人有自己的预算，且在大楼的同一个位置办公。这个市场营销小组可能涉及许多不同的项目，但与每个项目团队的其他成员不会有较强的组织联系。设计和制造部门也会有类似的小组。

严格的项目式组织由若干小组构成，小组成员来自不同的职能部门，每个小组专注于开发一个特定的产品（或产品线），分别向一个有经验的项目经理汇报，该项目经理可能来自任一职能领域。由项目经理进行项目的绩效评估，团队成员通常会尽可能地安排在同一位置，以便他们在同一间办公室或大楼的同一区域工作。新的合资企业或"创业"企业就是项目组织的典型例子：每一个人（无论其职能）都被安排在同一个项目中（新企业的创办和新产品的开发中）。在这些情况下，总裁或 CEO 都可以看作是项目经理。当需要专注完成一个重要的开发项目时，新成立的企业有时可以组成一个拥有该项目所需资源的老虎队（tiger team）。

矩阵式组织（matrix organization）结构是职能式和项目式组织的混合体。在矩阵式组织中，每个人同时依据项目和职能联系到一起。通常情况下，每个人都有两个上级，一个是项目经理，一个是职能经理。实际上，在矩阵式组织中，项目经理与职能经理之间的联系更加紧密，这是因为，职能经理和项目经理都没有独立预算的权力，他们不能独立地评估、决定下属的薪酬，并且职能组织和项目组织也不易从形式上组合在一起。因此，无论是职能经理还是项目经理，都有试图占据主导地位的倾向。

矩阵式组织有两种形式："重量级"项目组织（heavyweight. Proiect or ganization）和"轻量级"项目（Lightweight project organization）。"重量级"项目组织中，项目经理的权力更大。项目经理有完全的预算权，在评估团队成员绩效和决定主要资源分配方面有更大的发言权。虽然项目参与者也属于各自的职能组织，但职能部门经理的权力和控制力相对较弱。在不同的行业，"重量级"项目团队可能被称为集成产品团队（Integrated Product Team，IPT）、设计构建团队（Design-Build Team，DBT）或产品开发团队（Product Development Team，DBT），这些术语强调了团队之间跨职能的特性。

"轻量级"项目组织中含有较弱的项目联系和相对较强的职能联系。在这种组织结构中，项目经理是一个协调者和管理者。权力较弱的项目经理负责更新进度、安排会议、帮助协调，但他在项目组织中并没有真正的权威和控制力。职能部门经理需要负责预算、人员招聘和解聘以及绩效评估。

在这里我们把项目团队视为主要的组织单位。在这种情况下，团队即参与该项目的所有人，不考虑产品开发成员的组织结构。在职能式组织中，团队包含了来自所有职能小组的人，这些人除了参与共同的项目外，没有任何其他组织联系。在其他组织中，团队对应一个正式的组织实体——项目组，并有正式任命的经理。因此，团队概念更强调矩阵式和项目式组织，而不是职能式组织。

（3）选择组织结构

组织结构的选择取决于对成功最为关键的组织绩效因素。职能式组织有利于职能领域的专业化发展，培养出有深厚功底的专家。项目式组织有利于不同职能之间快速、有效地协调。矩阵式组织作为一个混合体，可使职能式和项目式组织的特点都有所体现。以下问题有助于指导组织

结构的选择：

①跨职能整合有多重要？职能式组织可能会出现难以协调跨职能领域的项目决策。由

于跨职能团队成员间的组织联系，项目式组织使得强大的跨职能整合得以实现。②尖端的职能专业知识对企业成功有多关键？当学科专业知识必须在几代产品中开发和保留时，一些职能联系是必要的。例如，在一些航天企业中，计算流体动力学是非常关键的，因此，负责流体动力学的人按职能的方式组织，以确保企业在该领域能力最佳。③在项目的大部分时间里，是否每个职能的人员都可以充分发挥作用？例如，在项目周期的一小部分时间中，可能只需要工业设计师的一部分时间。为了有效利用工业设计资源，企业可能会采用职能的方式组织工业设计师，以便几个项目可以恰到好处地利用工业设计资源。④产品开发速度有多重要？项目式组织可以快速解决冲突，并使不同职能部门的人高效、协调地工作。项目式组织在传送信息、分配职责及协调任务上花费的时间相对较少。

因此，项目式组织在开发创新产品时通常会快于职能式组织。例如，消费电子产品制造商几乎都是按项目组织产品开发团队。这使得团队可以跟上电子产品市场所要求的快节奏，在极短的时间内开发出新产品。

（4）分散的产品开发团队

组织产品开发团队的一个有效方法是将团队成员安排在同一地点工作，然而，现代沟通技术和电子开发流程的使用甚至使全球项目开发团队变得有效。让分散在不同地点的成员组成产品开发团队的原因包括以下几点：

①可获取区域市场相关信息。②技术专家分散。③制造设备和供应商所在地分散。④可通过低工资达到成本节约。⑤可通过外包提高产品开发能力。⑥尽管选取合适的团队成员远比将成员集中在一处重要，但由于分散距离较远的团队成员之间联系较弱，实施全球产品开发的公司也面临许多挑战。这会导致设计迭代数量的增加以及项目协调的困难，尤其是一个团队新成立时。幸好，有多年全球项目团队经验的组织报告说，随着时间的推移，分散的项目工作起来更加顺利。

二、产品的品质改良

（一）产品品质改良的释义

产品的品质改良是对现在正在使用的产品的再设计。这里所提的"品质改良"包含了更广泛的社会意义与内在价值：第一，剔除那些劣质产品。20 世纪 80 年代，中国的大多数生产商从快速生产、便宜行事的角度出发，对外来产品进行模仿或稍做修改后，便急忙上市销售。这是社会工业化发展进程中的无奈现象，弊端显而易见。在这种情况下，根本谈不上对产品做品质设计。第二，"品质改良"是不断促使人们留意那些平常感到理所当然的事情，重新审视生活方式，进而更加深刻地理解现代社会的生活。

目前，业界人士对产品品质改良性设计的概念、内容等方面的认识尚处于摸索阶段，常常将它与产品设计的一般概念相混淆，摸不准产品品质改良设计的特性，理不清其特定内容，找不到产品品质改良设计的基本方法。

所谓产品的品质改良原本是针对现有产品的缺陷而设定的。究其真意，产品品质改良设计就是还原产品及其设计的本质和目的，为所有使用者提供更为舒适、质量更好、易用的产品和更优质的生活环境。

（二）产品品质改良的意义

1. 使产品更加完善、更加人性化

产品品质改良设计的一个基本目标是使产品适合人，而不是让人去适应产品。人本身是一切产品形式存在的依据。产品品质改良设计是在保障产品功能的前提下改进产品的外形设计以符合人机工程一般原理的设计理念。因此，在改良设计的过程中，设计师要对人机工程学的核心问题——人、机器及环境三者间的协调关系做细致入微的考虑，这涉及心理学、生理学、医学、人体测量学、美学和工程技术等多个领域。这一研究的目的是运用各学科的知识，来指导工作器具、工作方式和工作环境的设计和改造，使产品在效率、安全、健康、舒适等方面的特性得以提高。

经过改良，产品操作更加简化，使用更为便捷，特性更加凸显，产品的生产、消费和回收的关联也变得更为透明。除此以外，经过改良的产品还会提升人与产品之间的关系，防止没有意义的产品生产。

2. 使制造业得到了良好的发展

为了满足消费者的需求，企业每年要向市场投放许多新产品。其中绝大多数是原有产品经过升级换代等改良后再次投放市场的产品。对企业来说，这是一条投资少、收益快、风险小、成本少的最好发展道路，也是企业减少产品更新周期，快速回笼资金的有效途径。目前，我国大多数中小企业的市场研究力量很薄弱，技术与设计研究能力缺乏，开发新产品难以实现。不少企业把不断地改进原有产品、改良优化现有产品的方式作为企业不断发展壮大的基本道路，对我国大多数中小企业来讲，这也是摆在面前的一条切实可行的

发展道路。事实上，世界上大多数大企业的发展轨迹也是遵循这一模式的。因此，产品销售情况的反馈信息是企业进行产品品质改良设计的最可靠资料。设计师可以针对原有产品出现的问题、存在的缺陷进行改良性设计。

3. 加强环保

产品品质改良性设计使产品具有更加先进的技术、更加经济的制造过程和更加人性化的功能与形式。但是，产品改良性设计还是一种产品与环境的系统化设计。产品改良性设计着眼于人与自然的生态平衡关系，在设计过程的每一个决策中都充分考虑到环境效益，尽量减少对环境的破坏。在不断发展变化的生活方式中挖掘产品与外部环境作用的意义，这样才能进行合理的产品定位，使产品的价值最优。产品的改良是用一种更为负责的方法去创造产品的形态，用更为简洁的造型尽可能地延长产品的寿命。

（三）产品品质改良的基本方式与对象

1. 改良的基本方式

"改良"一词含有改进、改观和改变的意思。它的含义包括以下几点：其一是改造物品使用时的不便因素，对产品的原有装置部分的设计进行一定程度的改变。理想的产品改良性设计能把产品的功能及操作方式简单明白地呈现出来，并被使用者准确理解，从而达到提高操作效率的目的。其二是改变旧的样式，使物品面貌一新，更加美观。这是产品对外观造型的设计。但造型并不仅限于物体在感观上可感知的一面，设计师还须关注如何能够满足社会及个人的实用和审美需求。其三是由外因或内因引起的产品结构的任何变化。通俗地说，就是改变产品的内部结构、空间和技术因素。无论是一把椅子、一个茶壶或者是一个电子产品，要想更有效地发挥其功能以及产品的特性，就要对其进行仔细研究，以便合理地进行改造。

2. 改良的对象

在对现有设计案例进行剖析的基础上，我们认为产品品质改良设计的内容主要包括使用方法的改良、使用功能的改良、产品外形的改良与产品结构的改良。

使用方法的改良是指对导致产品使用时出现不合理、不方便的方法设计进行改良。比如，汽车手动操控向自动操控的改变，改变了汽车的驾驶方法，从而提高了操控的效率。

使用功能的改良针对的是产品使用时所能到达的效率。在使用过程中，人们感觉到现有产品还没有达到应有的效率，经过改良后，功率和效能才能达到高品质。比如说，按现有的飞行器的速度，人类需要一年时间才能到达火星，为了缩短飞行时间，人们需要对飞行器的飞行效能进行改进，加快飞行器的速度，从而减少人们等待的时间。

产品外形的改良是指对产品的外部造型进行改造，随着科学技术的不断进步，生活水平的不断提高，人们对产品外观的审美需求也越来越高。为了满足使用者的生理和心理需求，产品在使用功能和外观设计上就需要不断更新换代。

产品结构的改良是指对产品内部结构和外部结构的改进。产品的内外部结构对产品的使用功能、外观造型有直接影响，它是产品形态的"骨架"，是产品功能的"肌肉"，牵一发而动全身。因此，当产品的功能和外形需要改良时，产品的内外结构也会随之改变；反过来，当产品的结构影响其使用功能时，那就必须改变产品的整体结构或局部结构。

（四）产品的品质改良——性能的改良

产品的性能改良是指改变产品的主要特点，提高产品对设计要求的满足程度。不同的数码配件具有不同的性能，其用途也不尽相同。如音乐伴侣（音频发射器）是通过音乐播放器发射一定的频段到车载音箱上的。录音器、分频线也是如此。电风扇生产商在产品说明书上标有风量和风速指标，要求产品性能指标与标准一致，以使电风扇的风量和风速达到其应有的使用效果。

只有经过对产品各项性能指标的综合评价后，才能充分显示产品性能的质量水平，以满足消费者的需求。例如，电冰箱只有在各项制冷性能（如储藏温度、冷冻能力、化霜性能、负载温度回升时间或保温性能、耗电量等）指标均能达到国家标准的前提下，才能体现该产品的整体性能质量，而不仅是单一指标的高低。

1. 产品的使用不受限制

经过调查，能够在不同状态下都随心所欲使用的产品其特点表现在以下几方面。

（1）在使用方法上不受拘束

在产品设计中，产品的使用方法有一个潜规则：产品要让所有的人都能够找到适合自己的舒适性操作方法。体温计就是这样一种产品，其要保证不同的人（如成年人、老人、妇女、儿童以及婴儿）在各种状态下都能舒适地使用，并且可以正常发挥其功能。

（2）能够适应左右手的使用习惯

产品在使用过程中经常会遇到左撇子。一般来说，大多数人是右手操作，也有相当一部分人为左撇子。除非有某种特殊理由，产品必须兼顾二者的使用感觉，不致引起左撇子在使用时的不适。比如，在设计乒乓球拍时就需要考虑要让左右手操作的人都能随心所欲地去挥拍、击球，将个人技巧发挥到极致。

（3）能够满足特殊人群的特殊需要

有的产品还会遇到一些特殊的使用者，如老人、小孩等。这些人因年龄、身高、体量等因素的不同，对产品的使用有特殊的要求。如儿童自行车往往是低龄孩童提高身体平衡能力的重要途径，这需要在后轮两边附加两个小轮子，可以满足初学儿童的需要。

以下以卷尺体温计为例进行分析。

市场分析：

体温计使用普遍，家家户户必须具备。国际上对玻璃棒汞式体温计的使用，纷纷采取了限制和禁止的态度。该种体温计示值准确度会受到电子元件及电池供电状况等因素的影响，如果使用者不太熟悉这种操作方式，可能会得到几个不同的测量数据，辨认是有难度的。玻璃棒汞式体温计在使用中的不足之处有以下几点：

①易破碎；②存在水银污染的可能；③测量时间较长；④急重病患者、老人、婴幼儿等使用不方便；⑤不易读数；⑥使用体温计时儿童很难会乖乖地配合；⑦体温计一般在人的腋下、口腔、直肠等处使用，人们普遍感觉不方便或不舒服，量完体温后，得用力甩动体温计或按动按钮，才能使温度数据归位；⑧在测量体温时，被测病人在一小段时间内不能自由活动，容易形成对病情的惶恐与紧张，极易导致体温测量不准。

针对以上种种问题，我们迫切需要一款能良好解决这些问题的体温计。在了解市场上产品的缺点后，要对改进设计进行准确定位。

经过改进设计的产品装有扩音器，这是此温度计特有的鸣号装置，在测量体温时，一秒钟内就能提醒病人测量完毕。

该温度计的屏幕，主要显示被测病人的体温，并能储存病人三个星期内的体温、时间与日期的记录，医生根据数据的变化就能判断病人是否处于正常的状态。

设计说明：

本设计在功能上的革新在于人体和体温计接触部位的转变，它改变了传统夹在腋下，含在嘴里，或使用耳温枪等方式。在实际运用中证明，这几种方式都有许多的弊端。比如夹在腋下时，太费劲必须用点力才能夹紧；含在嘴里时，被测病人一小段时间内不能动嘴巴，口中唾液增加，不舒服，又总惶恐水银体温计被不小心咬碎。被测者处在担心、紧张的情况下，极易导致测量结果不准。

设计亮点：采用卷尺独有的特性和体温计感应器的科技元素二者合一的形式，外形的创意来自对卷尺特性的模仿，卷尺的后背收缩曲线符合手腕曲线，能较好符合。

色彩：明快的蓝色搭配显示屏的淡灰色，给使用者一种视觉与心理上的轻松感，缓解了病人对自身病情的担忧。

材料：为了避免伤害到手，外部采用塑料、橡胶等软质材料。内部采用不锈钢材质。

综合特性：看似自由不拘的形式中蕴含着严谨、理性的力量，让人视觉充满愉悦，消除病人对医疗仪器的不安和畏惧感。

2. 隐藏在产品中可能导致危险的因素

消除隐藏在产品中的危险性因素，改变产品的使用方式，使产品与使用者的能力、缺陷和需求之间建立更加和谐的联系是产品性能改进的一个重要方面。随着社会文明程度的提高，产品的安全性将受到全社会的重视。

为了避免让使用者触碰那些可能导致危险的装置，产品不仅要有清楚的标志，而且要在构造上考虑配置方式的隐蔽性。最好的方式是将操作装置与相应的功能装置分离。因此，安全因素的改进性设计内容主要包括三方面：一是对影响产品安全的潜在因素进行分析；二是对相关危险因素进行警示；三是将操作装置与相应的功能装置分离。

有些物品在使用过程中很容易导致意外、失败、受伤、耽误操作等状况。比如外露的电源设备在操作时极易误触带电装置（如按带电的钮或按键），其危险性是明显的。我们应该预先将这些操作部分隐藏到手不易碰到的地方，并隐藏那些不需要暴露的零件。事实上，现实生活中存在诸多这样的状况或问题，如汽车车门的安全装置、设有安全装置的自动车门、门的开启按键和把手分离的配置等。

3. 产品更好用与耐用

不管是使用多么方便的产品，如果无法让使用者安心，就不能说是一件好的产品。可以说，产品的故障发生率低、耐久性强、舒适度高，几乎是所有产品设计师追求的目标。

随着高科技电子技术的进步，精密加工技术的高度发展，新产品，特别是高性能的新产品不断涌现。好用又耐久的问题在产品的改良性设计中自然而然地摆到了设计师的面前。在任何场合中，都可能因一个小小的问题或细节导致使用者的不便。

比如椅子的设计。一个人背靠着坐在椅子上时，他的上背部分是向后的，而下背部分是前曲的。这就在座板和下背部之间形成了一个空间，使得人们在座椅上形成背部下陷弯曲这种不健康的坐姿。

问题是每个人的脊椎就像每个人的指纹一样是独一无二、各不相同的。事实上，人人都有各自独特的"脊椎纹"，人的脊椎纹随着人的坐姿变化（如坐上、坐下、背靠等）而变化。当人们脱离靠背，手臂悬空时，每一种坐姿都需要椅子提供固定的支撑。此时，体重的压力由脊柱承担，结果会导致腰背肌肉疲劳酸痛，或因腰肌放弃维持直坐的姿势而塌腰驼背，或因手腕抵在桌沿而引发腕关节综合征。这些状况势必引出人与器械之间的合理化问题。具体而言，设计师设计的椅子必须适合人体的各种客观条件，使人在使用时感到舒适。因此，轻巧、灵活、使用方便是椅子设计的主要诉求。常用的解决途径是使用轮轴和弹簧装置。轮轴能够轻易移动椅子的位置，而弹簧装置能够满足人的脊椎随意变换角度的要求。

另一方面，大多数人自然而然地使自己靠近桌边，因为，这一区域为工作者提供了最佳的工作状态和视觉效果，使人们工作起来更加方便，看得更加清楚。可是，当身体靠着靠背时就远离了最佳的工作区域，其结果是只能拉紧身体，斜眯着眼睛费力观察，容易产生疲劳。

模拟人类的背部结构的靠背技术，让椅子的靠背随着人体背部的活动而活动，给人体提供了全方位的支撑和保护。IDEO 公司要将此技术应用于机械制造，其关键问题就是如何使椅子保持椅子原来的面貌。该设计采用了一个最直接的办法，即在设计中采取裸露部件的方法，并取得了椅子机械构造设计上的成功。设计师不再掩藏椅子的机械构造，或把装置部分掩饰在别的结构后面，而是把这些部件恰到好处地显露出来，这样能更直观、准确地发挥每一个构造的功能。

以下以老年人手机为例进行分析。

在日新月异的手机市场上，各品牌手机都在手机外形和功能上有很大改变，但在诸多手机中没有一款手机适合老年人使用的。因此，亟须设计老年手机来填补市场空缺。

首先看一下现在比较前沿的手机的功能外形：这些手机都是很炫的，功能也很强大，具备上网、听歌、看电影、摄像等功能。我们对老年人使用的手机进行了一些实际的调查，认为手和眼的障碍是老年人使用手机最根本的问题。

老年人的手：皮肤粗糙，触感较差，灵敏度低，对光滑材质和体积较小的东西使用效果较差。一般而言，中青年人用的手机，机体按键的形态都比较小巧，排列紧密，功能键复杂，这对老年人而言是不实用的，他们实际操作识别中都会遇到一定困难。

视力方面：经调查，在 40～50 岁的中年人中有 45%～60% 开始出现老花眼，50～

60 岁以上的为 60%～85%，60～80 的岁有 85%～95%的人出现老花眼。经过以上调查，我们认为现用手机需要在操控和界面上进行改进设计，尤其要改进老年人使用的按键系统，只有这样，老年人才能舒适地使用现代化的通信工具。

设计定位：65～80 岁及以上老年人。

（1）按键要宽大，接触面积大；（2）机体形状较一般手机要大些，可以选择温馨型的，能够产生亲和力的、宜人的材料；（3）屏幕大、字体大，颜色沉稳；（4）携带方便。

进一步调查后需要改进的问题有以下几点：

（1）以市场上最大的手机尺寸作为参照。（2）符合 65 岁以上的消费者在手机使用功能上的购买特点。（3）面板上的界面设计：精简按键，配置四个功能形态按键，要配置与机体的比例相匹配的超大屏幕，主要功能为拨打、接听、手写短信等，解决关键问题。

功能方面：使用方便，操作简单，功能键要简捷直观，书写笔可稍粗。

外形方面：线条简洁，细节精确，面板的处理要大方，形体稳重，品质高雅。

色彩方面：简洁大方。

4. 对产品结构的改进

很多物品的外部结构和内部结构是融为一体的，具有这样结构关系的产品能够明确地显露各自的功能特征。例如杯子、曲别针、书、锅碗瓢盆、刀具、桌椅板凳等。杯子一般由圆柱形杯体和把手构成。圆柱形杯体的上口面通常为圆形，供人们轻含饮用液体。但是，这样的圆形口面倾倒时容易洒水，很不方便，特别是用于盛烹调油的杯子更是如此。如果在圆形口面的局部增加一个锥形或嘴形造型，就能避免倾倒液体时的不便。圆柱形杯体的上口面有时会加一个盖子，以增强杯子的保暖或防溅性能。

产品功能的变化会使产品的结构产生变化，但是，产品的结构变化不一定会引起产品的功能变化。比如弹簧椅子的靠背构架部有一个基干托着。这个基干呈环形臂柄，其两头控制着椅子上背部和下背部所承受的压力。这个基干一旦受压，自然地沿着滑翔系统使坐者靠向椅背，椅子就会向前移动。因此，弹簧椅子并未增加椅子的功能，而是增强了椅子的舒适性。

（五）产品的品质改良——功能的改良

1. 产品使用功能的改良

产品功能的改造是对既有产品进行产品效能方面改变的改良性设计，以满足环境和生活方式的变迁，并适应新技术带来的新功能。

所有既有产品的使用功能都有缺陷。比如，用于防震的担架救护车在具体的使用过程中并不如意：普通的担架车在城市里使用不存在道路不平的问题，但在乡村的紧急救援中就会遇到山路不平的情况，导致担架车在急行中产生明显的震动，影响伤员的病情。要解决这个问题，就要改变担架车的平台与脚架的连接装置。具体的方法是在担架车的双脚与担架之间加上弹簧，以支撑担架，减缓行进中的震动。

功能方面的失误经常出现在一些多功能产品的使用过程中，因为其中的某一功能往往只适合某一状态的操作，所以，在其他状态下则会产生不同的效果。如果产品的操作方法多于控制器的数目，有的控制器就会被赋予双重功能，功能失误也就变得越来越难以避免。

如果产品上没有显示目前的功能状态，需要使用者去回忆，那就很容易产生这类错误。要想避免功能状态层面上的操作失误，就应当尽量减少产品的功能状态，或是将功能状态在产品上准确、清晰地显示出来。

改变产品功能的方法有以下两个：一是尽量或者严格限制产品功能的增加。除非是绝对的需要，否则不要增加功能。因为一旦加入了新功能，就不可避免地增加控制器的数量，操作的步骤和说明书的字数，这样会造成使用者的困惑和问题。二是对功能进行组织，将功能组件化，可以将其分成几个组，把每组放置在不同的位置，每一个组件包含一定量的控制器，掌管某一类功能。在通常意义上，对功能进行正确的分类，就能够克服功能的复杂性问题。

人们已经习惯长期按自己的行为方式来使用某件产品。如果采用新的使用方式，那么，原使用功能和使用方式未必适合这种新方式。因此，我们必须彻底地改变这种习惯，这样就能找到改变产品功能的理由和设计方案。

2. 多功能的改良

在一些产品中，由于最初设计时的功能较为单一化，当消费者在体验时会感觉到难以满足自己需求。因此，对于这类产品，就要求设计师改进原有产品，将其改造成多功能产品。

经过市场调查，我们发现目前大型超市、卖场、专卖店都出售各种水杯，造型丰富、款式新颖、色彩多样、种类齐全。但是，在如此琳琅满目的柜台前，竟然找不到一种可以提供多项选择的水杯。消费者在使用产品时会产生新的欲望，比如孩子们就喜欢同时喝两种以上的瓶装饮料。面对他们挑剔的小嘴，设计师可以提供具有多项选择功能的水杯，以满足不同人群在不同场合的多种需要。

以下以城市多功能饮水瓶的改良为例进行解析。在夏季，许多青少年希望能够同时喝到两种不同口味的饮料，但目前市场上出售的饮料瓶大都是单一功能的，还没有出现多功能水瓶。如果我们能够设计出一种能同时装两种水的瓶子，就能适应新的需求，产生新的市场。

目标人群：青少年（中学生、小学生以及幼儿园的孩子）。

初步设想：将只能装一种饮料的水杯改造为可以装两种以上饮料的瓶体。从市场调查入手，进行材料、功能、使用对象等方面的调查。目前超市等卖场都对使用对象进行了分类，如以成人和小孩用品来划分。但是，在现实购买中没有明显区别，许多大人以及大龄学生也会选择儿童用品。因为儿童产品色彩丰富、造型独特、材料安全性高，并且更具趣味性，这些都颇具市场吸引力。

比如，设计一款多功能水瓶必须符合市场的需要，也要符合青少年的特点。另外再增添功能和趣味感造型，就可以扩大市场需求，满足更多人的需要。如果材料为透明塑料，就可以提高能见度，更加时尚。

草图：在几个方案中确定这个方案，然后再进行优化。

虚拟模型图：运用电脑犀牛软件做出一个模型效果，把多角度的效果表达出来。

参考文献

[1] 朱云. 数字媒体创意设计思维 [M]. 上海：同济大学出版社，2020. 01.

[2] 李江. 设计创意思维 [M]. 北京：中国轻工业出版社，2020. 08.

[3] 闫萧宇. 包装设计创意思维与应用研究 [M]. 长春：吉林美术出版社，2020. 07.

[4] 赵倩. 创意思维举一反三 [M]. 长春：吉林摄影出版社，2020. 09.

[5] 武明煜. 现代室内设计的文化创意思维 [M]. 哈尔滨：黑龙江教育出版社，2020. 08.

[6] 任文东，杨静. 设计创新思维与方法 [M]. 北京：中国纺织出版社，2020. 12.

[7] 金辉，曹国忠. 产品功能创新设计理论与应用 [M]. 天津：南开大学出版社，2020. 09.

[8] 马宏宇. 产品美学价值的设计创新路径研究 [M]. 武汉：武汉大学出版社，2020. 01.

[9] 吕健安. 工业产品造型设计与实践创新 [M]. 长春：吉林出版集团股份有限公司，2020. 05.

[10] 钱慧娜. 产品创新设计与创造性思维研究 [M]. 长春：吉林大学出版社，2020. 09.

[11] 刘娟. 基于用户体验的产品创新设计研究 [M]. 长春：吉林摄影出版社，2020. 09.

[12] 王菊. 文创产品开发与创新设计 [M]. 西安：西北工业大学出版社，2020. 04.

[13] 侯婕. 现代工业产品的创新与生态设计 [M]. 北京：中国建材工业出版社，2020. 04.

[14] 高常青. TRIZ 产品创新设计 [M]. 北京：机械工业出版社，2019. 01.

[15] 凌雁. 产品创新设计思维与表达 [M]. 长春：吉林美术出版社，2019. 01.

[16] 刘春荣. 产品创新设计策略开发 [M]. 上海：上海交通大学出版社，2019.

[17] 傅一笑，王荣军，田甜. 产品设计理论及其创新表现研究 [M]. 上海：上海交通大学出版社，2019. 03.

[18] 张婷，王谦，孙惠. 品质与创新理念下的产品设计研究 ［M］. 北京：中国书籍出版社，2019. 01.

[19] 谷燕. 工匠精神在产品设计中的传承创新研究 ［M］. 长春：吉林人民出版社，2019. 08.

[20] 张芳兰. 人机产品创新设计与评价 ［M］. 秦皇岛：燕山大学出版社，2019. 07.

[21] 黎科. 现代产品创新设计与开发研究 ［M］. 北京：北京工业大学出版社，2019. 11.

[22] 汪欣，陈文静，彭琬琰. 创意思维训练 ［M］. 长沙：湖南师范大学出版社，2019. 12.

[23] 李莉萍. 色彩与纸本创意思维 ［M］. 广州：华南理工大学出版社，2019. 12.

[24] 衣国庆. 素描与纸本创意思维 ［M］. 广州：华南理工大学出版社，2019. 12.

[25] 夏登江. 创意设计思维与表达 ［M］. 北京：中国书籍出版社，2019. 11.

[26] 白仁飞. 创意设计思维与方法 ［M］. 杭州：中国美术学院出版社，2019. 11.

[27] 李明江. 艺术设计思维与创意表达 ［M］. 长春：吉林美术出版社，2019. 01.

[28] 杨海波. 创意思维与产品设计 ［M］. 北京：九州出版社，2019. 08.

[29] 张渺. 产品创意思维训练 ［M］. 武汉：武汉大学出版社，2019. 02.

[30] 李屹. 设计创意思维训练 ［M］. 南京：南京大学出版社，2019. 08.

[31] 刘美艳. 艺术设计创意思维与表达 ［M］. 长春：吉林美术出版社，2019. 10.

[32] 吴振英. 包装设计创意思维与实践研究 ［M］. 郑州：郑州大学出版社，2019. 05.

[33] 张莉. 创意思维与现代艺术设计研究 ［M］. 长春：吉林大学出版社，2019. 05.

[34] 赵凌宇. 创意思维视角下的美术设计研究 ［M］. 北京：中国农业出版社，2019. 05.

[35] 崔淼. 现代平面设计与创意思维研究 ［M］. 哈尔滨：黑龙江教育出版社，2019. 08.

[36] 黄志华. 形象思维的延展全媒体时代广告创意探蠡 ［M］. 成都：电子科技大学出版社，2018. 03.

[37] 刘珈伲. 图形创意思维研究 ［M］. 长春：吉林美术出版社，2018. 06.

[38] 段轩如. 创意思维实训第 2 版 ［M］. 北京：清华大学出版社，2018. 05.

[39] 黄侃，郑冠宇，战冠红. 艺术设计创意思维 ［M］. 西安：西安交通大学出版社，2018. 02.